JN222001

神さまが授けてくれた猫

～人生に奇蹟を起こし幸運をもたらす～

優李阿　*Yuria*　著

KKロングセラーズ

まえがき

世界中、どこでも目にする猫たち。そんな猫たちの隠れた恐るべき神秘的な力をご存じでしょうか。猫は古くから神聖な生き物として崇められてきました。霊性の高いスピリチュアルな存在とされる猫に関する言い伝えや迷信、不思議な逸話はたくさん存在しています。その多くは、猫が並外れて優れた能力やパワーを秘めていることを示唆するもの。この本は私自身のあり得ない奇蹟の実体験を基に、猫たちと人間とのスピリチュアルな関係についてわかりやすくまとめたものです。

私は子供のころから動物が大好きで、病弱ながらずっと不遇な猫や犬を保護して可愛がってきました。第六感が幼少期からとても冴えており、普通の人には見えないものが見え、聞こえない音が聞こえて、気持ち悪い子だと言われていました。気づいたら、その第六感を使って動物たちとテレパシーによる想念伝達で会話し、共に支えあって生きてきました。最近まで次々と押し寄せる壮絶な病と事故による苦行が続いていましたが、今はある程度の修行が完了し、高次元のサイキック能力を授かるまでに至っております。

特に猫とは幼少期からご縁が深く、私が赤ちゃんのときから、どこからともなくやってきた野良猫に子育てをしてもらった記憶があり、写真にも残っています。猫とは生まれてから当たり前のように一緒に生きてきましたが、身代わりとなって亡くなってしまった猫との切ないエピソードもたくさんあります。

二〇〇九年八月、猫たちからの恩返しの実体験をまとめた『本当にある猫たちの恩返し』の初版が出版され、スピリチュアル的に似たような不思議体験をした方々から、かなりの反響がありました。

その出版後、難病で入退院を繰り返し、なかなか社会生活がままならない中、二〇一〇年の秋に脳梗塞で突然倒れてしまうという想像を絶する出来事に見舞われました。繰り返し起こった発作によって、体の右側が完全に麻痺しただけでなく、右目が失明し、再起不能に陥ります。生死の境を彷徨っていた二〇一一年十月、まるで私の身代わりのように最愛の猫のチャコが亡くなりました。

そして、二〇一三年夏には『本当にある猫たちの恩返し』の改訂版が出版されました。その頃には猫たちの支えもあって脳梗塞自体は治まったものの、身体へのダメージは想像以上で、今度は持病の難病が悪化して次々と恐ろしい症状に見舞われました。

振り返ると、当時は次々とドミノ倒しのように押し寄せる病と薬の副作用で、あの世とこの世の狭間、生きるか死ぬかの瀬戸際にいました。過酷な治療が続きましたが、あるときから不思議と治療の効果が出て、あり得ないような回復を遂げ、二〇一五年八月に退院し、今に至ります。それ以降、奇蹟的に病気は落ち着き、治ってはいないものの現在に渡って全く入院していません。

病に打ち勝ってここまで良くなったのは、ともに戦い抜いた相棒の戦士である猫たちのおかげにほかなりません。生かされたことに感謝し、自分の身の回りの不遇な犬猫は必ず保護するなど、退院したらやろうと決意していたことを、少しずつですが実行できています。そういったことをしていますと、ますます元気になっている自分がここにいました。振り返ると、捨て猫を救ったはずが、捨て猫によって自分の方が救われていたのだということに気づかされます。

猫の本を書くにつれ、他の動物では見たこともないような猫独特の素晴らしさを実感し、それは揺るぎないものとなっていきました。読者の方からも、猫は奇蹟を起こす、そして幸運をもたらしてくれるといった感想をよくお聞きします。とある猫とご縁があったことで、想定外の及びもつかない、飼い主の人生を一変させた運命的な展開のドラマを何度も目のあたりにしてきました。

奇蹟を見せてくれるのは、なにも特別な猫だけではありません。野良猫は特にスピリチュアルな能力が高く、そのオーラ全体が体中に奇蹟を秘めています。彼らとともに生きることで、さらに幸運がもたらされ、数々の奇蹟を生んでいるのだと思います。

この本は、これまで半世紀に渡って支えてくれた猫たちに、心からの感謝の意をもって、彼らへの恩返しとして心を込めて書いたものです。歴代の猫たちとの出会いと別れ、ともに闘って生き抜いてきた、私と猫たちの体当たりの生き様の奇蹟の歴史の集大成です。そして、猫の持つ目に見えない能力など、わからないことをスピリチュアルですが理論的に解説し、猫を愛する皆さんにも当てはまるように、私の体験と重ねて共感していただけるような内容にしました。

振り返って考えてみると、人生の岐路に立たされているときにはいつも必ず、どこからともなく野良猫がやってきて、傍でずっと見守ってくれていたことに気づかされます。

どんな生き物も使命と目的を持って生まれてきており、生きていることの意味があります。これまで出会った猫たちとは、間違いなく必然的なご縁があったのです。人生の転機や危機のときに、一緒にたくさんの試練を乗り越えてきました。彼らの助けがなければ、ありとあらゆる壮絶な修羅場を乗り越えることはできなかったと言い切れます。ご縁のある猫たちは、みんな使命をもって生まれてきた『神が授けてくれた猫』なのです。

これまで力を合わせ助け合って生きてきた猫たち。彼らがいなければ、私は今この世にいなかったということは明らかです。そのくらい、猫たちは私の人生に大切な、かけがえのない、必須の存在でした。彼らのおかげで、今生きている自分がありま す。

ときに害獣扱いされてしまう野良猫たちは、世間ではだいたい悪い印象しかありません。しかし、彼らは実は恐るべき身体能力と優れたサイキック能力を持ち合わせているのだということを、ほとんどの人は知らないはずです。

私自身も野良猫のように俗世間からずれて、見捨てられ、役に立たない廃人同様の病人でした。自分の姿が、邪険に扱われながら、それでもどうにか世の中の陽の当たらない隅っこで精一杯たくましく生きている野良猫と重なりました。

自分自身が野良猫と同じような立場、同じ目線で生きていくことは、まるで神から与えられた修行のよう。この世で一番弱い立場にある野良猫が生きている過酷な現状を目の当たりにし、この世の人間の悪行や醜さを痛感させられました。社会では役立たずでも、私は人間として生まれたので、やる気と元気があれば、何でもできる。彼らの味方になって多少は力になることができるはず。どうにかしよう、どうにかしないといけない。そう思い続けて、生死をさまよいながら生きて生き抜いて、病に打ち勝ってここまで来ることができたのです。

今は本を書かせていただく立場になり、本を通して猫の素晴らしさと命の大切さを世の中に伝えることができるようになり、多くの方々に知っていただく機会が増えたことに、心より感謝しています。この本を読み終えたときには、一番身近な〝猫〟という神がかりな素晴らしい存在の意味と、〝猫〟の価値に対する認識が大きく変わっていることでしょう。

人生を変えたければ、不遇な猫の里親になることです。共に支え合い生きることで、猫もあなたの人生も必ず有意義なものになるはず。猫たちは、目に見えない本当に大事なことを教えてくれます。全身全霊で生きて生き抜くこと、体当たりで力強く生きること、命の大切さ。そして真の愛の意味を。

本書には、猫の素晴らしい秘話がたくさん含まれています。不遇な猫たちを救うことで、猫も人間も共に幸せになれる。猫とともに支え合いながら生きていけば、色々なことを経験でき、苦難を乗り越え、人生が必ず好転していくはずです。

本書の根底にある願いは、捨て猫や野良猫が一匹でも多く里親が決まって、幸せに暮らせること。ジャンヌ・ダルクのように革命を起こし、野良猫に対する価値観が変わること、猫という生き物がこの世に存在する意味とその役割に対する理解がもっと広がることを願っています。一人でも多くの人たちが猫の素晴らしさを知って、彼らの存在価値を見直して、もっと温かい目で見守るようになってほしい。そして、できることから何か実行してほしい。野良猫たちが少しでも温かい家庭で暮らせるようになるきっかけ作りに寄与できればと、切に願って書きました。

猫をはじめとする動物と人間は、この地球上で共存し、ともに支えあって生きていることを忘れないでください。この世は人間だけのものではありません。すべての生命は連続しているのであって、人間も動物も、同じ地球上に生きている生物なのですから。動物たちの環境の住みやすさは、我々人間の写し鏡のようなもの。慈悲深い思いやりの心があふれる豊かな環境で、動物たちと共存して暮らしていけるということは、動物はもちろん人間にとっても本当に幸せなことだといってもも過言ではないでしょう。

眼には見えないけれども、小さい命を労って魂を慈しむという、優しく強い心を持った人々のみが、猫たちを真の意味での幸せに導いていかれるのだと確信しています。そんな心ある人々が一人でも多くなって、社会において弱い立場にある猫たちを、大きな慈愛の心で幸せへと導いてほしいと心より願って——。

ずっと支え続けてくれた親愛なる「神さまが授けてくれた猫たち」へ

私のもとに来てくれて本当にありがとう

これまで共に生き、戦い抜き、人生のどん底をずっと支え続けてきてくれたここまで生きて来られたことへの心からの感謝の気持ちと、旅立った猫たちへの追悼の意を込めて――

それでは、猫たちの切なくて感動的な不思議ワールド、奇蹟のストーリーの始まりです。

優李阿

もくじ

第2章 猫は霊を視ている

第3章 猫の体当たりの恩返し

第4章 亡くなった猫たちからのメッセージ

第5章 猫とテレパシーで会話してみよう

第6章
猫の生まれ変わりは本当にある

第7章 受難の野良猫たちを助けるほど幸せになる

第1章

猫はスピリチュアルな生き物

猫は幸運をもたらす

猫が持つスピリチュアルな能力

神秘性を秘めた猫が持つ、不思議なスピリチュアルな能力とは、一体どのようなものでしょうか。

そもそもスピリチュアルとは、科学では証明できない精神世界のことで、神秘的・非科学的な分野であると解釈されています。スピリチュアルな世界では、私たちの魂と魂の繋がりや霊的なもの、運命、偶然の出来事などを天からのメッセージであると捉え、信じます。

スピリチュアルとは、目に見えない世界のことです。「spiritual」（スピリチュアル：形容詞）の語源は、「spirit」（スピリット：名詞）です。精神や魂、神や霊、そして心など、非科学的なことにスピリチュアルは関係しています。

目に見えないスピリチュアルの世界は基本的に形がないので、一般的には信じがたいと思う人もいるでしょう。しかしながら、目には見えなくても、スピリチュアルな不思議な出来事は、誰の身近にも実際にあるものです。宗教は別として、霊的なことを信じる人は特にスピリチュアルを感じることができるはずです。

では、スピリチュアルは猫の持つ不思議な能力とどのように結びつくのでしょうか。この章では、猫がどのようなスピリチュアルな能力を持っているのかについて、詳しく解説します。

スピリチュアルな能力① 幸運を招く

猫は幸運を招く生き物と言われています。猫は昔から、私たち人間に幸運をもたらしてくれる縁起の良い生き物とされています。猫から得るエネルギーによって、人は自身の運気を各段にアップさせることができるため、猫は素晴らしい存在と言われているのです。

「招き猫」という言葉通り、野良猫は昔から「幸せを招いてくれる」と言われていました。古来より猫は幸運を引き寄せる存在として扱われてきたのです。

たとえば、古代エジプトでは、猫は神聖な動物として崇拝されていました。現代でも、猫が家にいることでポジティブなエネルギーが増し、幸運が舞い込むと信じられています。

日本で猫を飼い始めたのは飛鳥時代から奈良時代のころと言われています。平安初期には猫を飼っていたという記録が残っており、はるか昔から猫の影響は大きかったと言えるでしょう。

猫の波動は高く、その波動で身近にいる人々に幸運を引き寄せるとも言われます。特に、黒猫は一部の文化では幸運の象徴とされています。たとえば、イギリスや日本では、黒猫が家に入って来ると幸運が訪れると言われています。猫があなたの家に来ることで、良いことがたくさん起こるかもしれません。

また、猫のヒゲは金運や恋愛運アップのお守りとして扱われており、お財布などに入れて持ち歩く人もいるようです。

スピリチュアルな能力②　飼い主の感情や思考を感じ取る

猫は飼い主の感情や思考を敏感に察知して感じ取ることができます。何か嬉しいことがあったら一緒に喜んでくれ、悲しいときにはなだめるように、あなたが泣いているときに猫がそっとそばに来て寄り添ってくれることがあるでしょう。これは、猫があなたの感情を感じ取り、慰めようとしているからです。猫の直感は非常に鋭く、飼い主の心の状態をよく理解して行動します。

スピリチュアルな能力③　オーラや波動を感知する

猫はオーラや波動を感知する力を持っています。猫はこのオーラを敏感に感じ取ることができるため、その人の内面や感情の状態を把握することができるのです。猫は人のオーラを見たり感じとったりすることで、その人の本質を見抜く能力に長けています。その人のオーラを感じ取って、その人がどんな人物なのかということや、今の状況などを察知するのです。

スピリチュアルな能力④　邪気・負のエネルギーを浄化する

猫は負のエネルギーを浄化する能力も持っているとされています。家の中でネガティブなエネルギーが溜まっていると感じたら、猫がそのエネルギーを吸収し、浄化してくれると言われています。

スピリチュアルな能力⑤　ヒーリング能力を持ち、癒しを与える

スピリチュアルな能力⑥　霊など人間には見えない存在を感知する

猫は、人間には見えない存在、たとえば、霊などの存在を感じ取ることができると言われています。

このように、猫は数々の素晴らしいスピリチュアル能力を持ちあわせています。幸せになるには、まず猫を飼うことだと私は思っています。しかも、受難の捨て猫や野良猫を飼うことです。

私も猫と半世紀生きていますが、色々なことがあっても、猫と共に生きていることで、ずっと幸せでいられることを実感しています。

猫はストレスを和らげ癒しを与えてくれる

猫はとても癒し効果の高い存在として知られています。一緒にいるだけで心が安らぎ、気持ちが落ち着くのは、猫のヒーリング能力によるものです。猫はその存在だけで人に癒しを与えてくれます。

「アニマルセラピー」という言葉を知っていますか。アニマルセラピーは「ペット療法」とも言われています。

近年、猫や犬などのペットと触れ合うことによって癒され、心身を健康にしていこうというアニマルセラピーが注目されています。動物と触れ合うことで心が癒され、ストレスを軽減できたり、自分に自信を持つことができたりします。その結果、精神的な健康を回復させることができると考えられています。

ペットたちと心を触れ合わせることによって、良い波動エネルギーを取り込んで、心理的に良い効果が現れて、癒されるのでしょう。

認知症や知的障害、精神疾患を抱える人たちが、猫や犬の存在によって少しずつでも回復に向かったり、心を開いたりします。また、病んでいる人の心に優しさや希望を与えるだけではなく、リハビリにも役に立つ効果があると言われています。

世間は空前の猫ブーム。テレビや雑誌、新聞、ネットで猫を見ない日はありません。「ネコノミクス」なんて言葉も生まれるほど、猫の魅力は注目されています。ですが、猫はただ「かわいい」だけではありません。

アニマルセラピーといえばセラピードッグをまず思い浮かべる人が多いと思いますが、セラピーキャットの最近の活躍には目覚ましいものがあります。実は、人を癒やしてくれる「セラピスト」として活躍している猫もいるのです。今では猫を飼っていない人でも、猫カフェがあり、猫による癒しの効果を実感している方も多いのではないでしょうか。

ロシアでは、猫信仰により猫を飼っている場合が多いそうです。その猫信仰とは、「猫は人間が持つストレスを取り去ってくれる」「気の流れや磁場のよい場所を見つける能力が高い」というものです。ロシア人は、昔から猫のスピリチュアルな能力を知っているのですね。

もともと、磁場が悪かったり、気の流れが悪かったりする場所は、事故や自殺が多いと言われていますが、猫が一匹いるだけで自殺者が減る、という話も聞いたことがあります。猫は、心が辛いときにはそっと寄り添って、あなたが知らないうちに悪いエネルギーを吸い取って心を浄化してくれているのかもしれません。

このように、猫はストレスを和らげて安心感や癒しを代わりに与えてくれる動物だと言われていますが、それと同時に感情も和らげてくれます。

たとえば怒り、心配や悲しみ、恐れや不安などストレスに繋がってしまう負の感情を軽くしてくれるのです。

人間は自分で自分の感情を明確に知覚することは難しいものですが、猫にはしっかりと傍にいる人の感情がわかっているのです。

いつもは自由気ままに生きている猫ですが、飼い主が悲しいときには、不思議とそばにそっと寄り添って癒してくれます。何も言わずにただ黙って傍にいるだけで、悩みや苦しかったこと、悲しかったことを全身で受け止めて癒してくれる猫は、人間にとって欠かせない動物なのです。

また、猫と共に過ごしていると、周囲にいる私たちにもスピリチュアル的な良いことが起こる傾向が高いと言われています。

スピリチュアルの世界でよく登場するのが「魂のレベル」という言葉です。魂のレベル、つまり精神レベルが低いとマイナス思考になりがちになってしまったり、心配性や不安症になったり、人の悪口や愚痴などネガティブなことを言ってしまったりしがちです。

一方、魂のレベルが高い人は、基本的にプラス思考で将来に向けて希望を持って、ポジティブに今を精いっぱい楽しんで生きていくことができるのです。

魂のレベルが高い人は少ないかもしれませんが、猫と一緒に生活することで、猫が負のエネルギーを吸い取って癒してくれて、魂のレベルが不思議とアップしやすい傾向にあると言われています。

猫と一緒に過ごすことによって生き甲斐が生まれて、人生が大きく変わった人もいます。私自身も、猫たちと暮らしていくことで人生が充実し、前向きに生きていけていることを実感しています。このように、猫のそばにいるとメリットが沢山あります。猫は、今までの人生が大きく変わるきっかけへと導いてくれることもある素晴らしい生き物なのです。

占い師やヒーラーとして活動している人の多くが猫を飼っているという事実をご存知でしょうか。私の知り合いのヒーラーの方の多くも、猫が好きで飼っていらっしゃいます。

私がこれまで生き続けてこられたのは猫たちのおかげ

これまで書いてきたような猫の能力を知った上で、自分のことを振り返ってみますと、私自身が猫からものすごい恩恵を受けていることを痛感します。

私は小さいころから三つめの目がそのままあったのか、超能力が冴えわたっており、スプーン曲げはもちろん、未来予知もできましたし、気に入らないことがあると念力であらゆる電化製品を壊すなど、私自身が電磁波の塊で極めて破滅的な幼少期を過ごしました。一三歳で難病になってからずっと体を壊し続けてボロボロになったのも、その外に向けた強烈な力がそのまま自分に矢のように返ってきて自滅したためだということは自覚しています。

最近までずっと入退院を繰り返し、年を重ねて脳梗塞までなりましたが、どん底まで落ちてようやく修行がある程度終わって、今は悟りの境地に至りました。

自己中心的だった私が人の痛みをようやく理解できるようになって、剣がとれてようやく病状も落ち着いてきました。

気付けば私が生まれてすぐの赤ちゃんの頃から、猫は常に傍にいて、今までずっと、世代交代しながら色々な境遇の猫たちを何十匹も飼ってきました。

自分の発する強烈な電磁波を、猫たちにずっと吸い続けてもらっているから、これまで生きて来られたのだと、改めて思います。生まれたときから猫がいたのは必然だったのです。

たくさんの猫を救ってきたつもりが、私の方が救われてきていたことに、猫の知られざる能力を調べることによって、ようやく気付きました。

猫たちがいなかったら、私はとっくにこの世から消えていました。これまでの猫たちの体当たりの恩返しに、言い尽くせないほどの感謝の気持ちでいっぱいです。

私だけでも猫たちの味方になりたい。これからも生きている間はできることはしていこう。一生かけて猫たちに恩返しをしていこうと、改めて心に決めました。

犬も同様ですが、特に猫の優れたスピリチュアル能力には驚かされます。ここまで読んでくださった皆さんは、猫が人間を支えてくれる特別な存在だということがおわかりになったと思います。そして、猫の隠れた才能を知るきっかけにもなったことでしょう。猫の計り知れないパワーには本当に驚かされます。

いつも何気なくあなたのそばにいてくれる猫に感謝し、猫の恩恵に思いを馳せてみてください。猫がそばにいるだけで、あなたやあなたの家族はいつでもヒーリングを受けているようなもの。猫は悪霊や悪い電磁波、不幸など目に見えないものから飼い主を守ってくれる驚くべき存在です。今あなたの運気が良いとしたら、猫のスピリチュアルパワーで守ってもらっているおかげかもしれません。

猫には恐るべきパワーがあって、人間にこんなにも貢献している。こういったエネルギーの視点で猫たちを見ると、野良猫など不幸な境遇にある猫たちの見方がガラッと変わってきます。

猫のスピリチュアルパワーをもっと世の中に知ってもらって、猫たちをもっと大事に扱ってほしい。猫様は偉いのです。だからもっと大事にされてほしい。猫たちと共存することで、人間はよりよく暮らしていけるはずです。

この世は人間だけのものではないのですから。猫たちをないがしろにしておいて、人間本位の驕りだけでは人類が滅びてしまうのは目に見えています。

犬も猫ももっと大事に扱われるようになれば、人間にとっても平和な世の中になることは、間違いありません。

猫は悪い波動エネルギーを吸収して邪気や負のエネルギーを浄化する

猫は邪気や負のエネルギーを浄化する能力も持っているとされています。

不思議なことに、猫は人間に有害な電磁波動エネルギーを好み、それを体に吸収して栄養にしているそうなのです。したがって、猫が好む場所は、人間には有害な波動エネルギーが放射されている所と言われています。有害な電磁波などを浴びたと思ったときは猫を抱いて、そのエネルギーを吸収してもらうとよいのかもしれません。

猫と犬のエネルギー特性の決定的な違いをご存じですか?

猫は人間に有害な電磁波動エネルギーを好み、犬は嫌うのです。そして犬は人間に有益なエネルギーを好みます。つまり、人間と犬のエネルギー特性は同じで、人間と猫のエネルギー特性は正反対なのです。

だから猫がいつも気持ちよく休むような場所は、たいてい人間に有害な電磁波が存在しています。その場所に犬を連れていくと、犬はそこを嫌って逃げ出してしまうでしょう。逆に犬がいつも気持ちよく休むところには、人にとっても良いエネルギーがあると言われています。

ところが、犬は猫とは正反対のエネルギーに敏感な生きもので、人間に有害な電磁波を嫌い、人間に良い波動エネルギーを好むそうです。犬たちは人間に有害な波動エネルギーにも敏感で、犬を一緒に連れて歩くと、悪い波動エネルギーのある場所を感知することができます。

犬を飼っておられる方は思い当たることがあるでしょう。古代ローマ時代の人たちは土地を買う前に、牛と犬を連れて行ってその土地の良し悪しを調べたといいます。

牛や犬は電磁場的に人間の健康に良い場所を好み、そういう場所に行くと気持ち良さそうに横になり寝てしまうのだそうです。

だからローマ人たちは牛や犬が気持ち良さそうに寝る土地を買ったのだそうです。そのような土地は、現代風にいえばヒーリング・スポットなどということになるでしょう。

植物たちも同じです。彼らは自分の都合のよい場所にしか根を生やしません。このことから、彼らの都合のよい場所とはどういうところなのかを知っておくと、そこが私たちにとって良い場所なのか悪い場所なのかがわかることになります。

土地を買うのに猫を連れて行って調べることができるかどうかはわかりませんが、猫を家の中で飼っていると、彼らが私たちの身体に有害な電磁波を吸収してくれることは確かなようです。ネコの電磁波吸収能力については、最近、ロシアの科学者たちによっても確かめられているそうです。

猫は犬とまったく逆で、人間にとって健康に良くない電磁波エネルギーがあるところで、気持ち良さそうに寝てしまうというのです。

冬の寒いとき、家の中にこたつがあると、猫はそこで丸くなっていることが多かったり、パソコンのところに無性に行きたがったりします。それは猫たちが電磁波エネルギーが大好きで、それを自分の身体に吸収したがるからとも言われています。猫を家で飼っていると、有害な電磁波をある程度吸い取ってもらえるはずです。

もし猫を飼いたいけれど飼えない事情があるのなら、ネコカフェなどで猫と触れ合うだけでもエネルギーのバランスを整えることができるので、行ってみてはいかがでしょうか。猫は好んで電磁波を吸収するので、私たちの身体にたまっていた有害な電磁波のエネルギーを吸い取ってくれます。

猫は私たちから電磁波のエネルギーをもらえるので、猫と人間はＷｉｎ－Ｗｉｎ（ウィンウィン）の関係、相互利益のある双方に得な良好な関係を築くことができます。

野良猫がやってくるスピリチュアル的な意味　野良猫は幸運をもたらす

野良猫が来る家は運気が良いというのは本当でしょうか。

野良猫が家に入ってくると、可愛いと思う人もいますが、住みつかれたら困ると考える人の方が多いことでしょう。人によって価値観が様々で捉え方も色々です。

基本的に、野良猫はよっぽどの人でない限り、邪険に扱われるはずです。しかし野良猫は、恐るべきスピリチュアルな力を秘めている生き物なのです。

野良猫というのは、飼い猫と違って人に飼われておらず野性的であって、どうにかして生きていかないといけないという本能が強く、猫本来のスピリチュアル的な能力が高いので、猫の本質的な能力が強く出ると言えます。もちろん飼い猫も神秘的な力を持っていますが、外で暮らす野良猫は様々な危機を回避するため、飼い猫以上に能力が高いとされています。

また、猫といえば神秘的なイメージが強いため、野良猫が家に来るのは何らかの意味があると考えることもできます。ここでは、野良猫のスピリチュアルな意味を解説していきます。

野良猫は基本的に吉兆を意味し、大きく次のような効果があると言われています。

スピリチュアルな意味①：邪気や負のエネルギーを浄化する
スピリチュアルな意味②：良い運気を呼び込む、幸運を運んでくる

スピリチュアルな意味①：邪気や負のエネルギーを浄化する

野良猫が集まる場所には、相反する二つの意味があるそうです。一つは、「良いエネルギーが溢れている場所・パワースポット」という意味。もう一つは、「悪い負のエネルギーが蓄積されていて浄化すべき場所」という意味です。

もともと猫はその場所や人のオーラや波動を感じることや見ることができるため、良いエネルギーの居場所を選ぶことができます。ただ、一方で浄化が必要な所に野良猫が集まっているケースも多く見られます。

野良猫は良い運気を運んでくるだけでなく、邪気や負のエネルギーを浄化してくれるとも言われています。負のエネルギーの場所を浄化して、良いエネルギーに変えてパワースポットにしていくような力もあるのです。もともと、邪気まみれの負のエネルギーの悪い場所が、野良猫たちによって、良いエネルギーで充満されたパワースポットに変わるようなこともあります。

野良猫は優れた直感力で、気が滞っている場所や邪気がたまっている場所に集まる習性があるとされています。それらの負のエネルギーを、野良猫自身のスピリチュアルな能力をもって、浄化し晴らしてくれる、そんな素晴らしい能力があるのです。

基本的に野良猫は自分の住処や縄張りを守ろうという気持ちが強いので、負のエネルギーの存在を常に警戒しています。生死を賭けた過酷な野生で生き抜かなければならない野良猫が自然に身につけていった、生存本能からの力とも捉えられるでしょう。そのため、邪気を察知すると知らない場所にでも移動して入り込んでしまうことがあるのです。それをポジティブに考えると、自分の家に野良猫が住み着くということは、あなたや家に憑いている良くないものを払いに来てくれているとも言えます。

野良猫が気軽に入って住み着くような家は、あまりありません。あなたやあなたの家に邪気を感じ、取り除くためにやってきたとも考えられます。もちろんそれは猫が好む食べ物をむやみに置いていないことが前提ですが。

害獣扱いされる野良猫がやってくるのを迷惑に感じてしまうことが多い中、「悪い邪気を払ってくれている」といった受け止め方をすると、野良猫の存在が、むしろ有難く感じられますよね。たとえ猫が苦手、嫌いであっても、追い払ったり、酷いことをするのはやめておきましょう。

浄化すべき場所の例としては、よく野良猫を見かける神社やお寺が挙げられます。神社やお寺というのは、悪い気を持った人なども参拝に訪れることもあるため、邪気や負のエネルギーがたまりやすい場所です。

神社やお寺にいる野良猫たちは一説には〝神の使い〟とされており、人間がその場に残したネガティブな邪気を浄化するお役目を授かっています。神社にいる猫は、神様の使いとしてその場に滞って溜まった悪い邪気など負のエネルギーを浄化するために集まってきているのかもしれません。

そんな神の使いである神社の猫たちがあなたにすり寄ってくるような場合には、あなたに幸せが訪れることを知らせてくれているサインですよ。

スピリチュアルな意味②：良い運気を呼び込む、幸運を運んでくる

スピリチュアルな観点からすると、野良猫は良い運気を呼び込む存在とされています。野良猫は私たち人間にとっては、幸運と癒しをもたらしてくれる素晴らしい存在だということを知っておいてください。

野良猫は運気を上げてくれるパワーを持っている、思いがけないラッキーなことが舞い込むと、今も昔も多くの人に信じられているのです。

どこからともなく家にやって来る野良猫は、基本的に住人や土地自体の気を感じとってやってきます。野良猫が家に来るのは吉兆を意味するだけでなく、あなた自身の運が上昇しているからとも考えられるのです。野良猫が来る家の運気は良いと言えま

す。

野良猫は基本的にポジティブなオーラを好み、良い波動をまとう人が住んでいて、良い気を放つ土地や、邪気のない場所にいる傾向があります。ただし、浄化すべき場所に集まる習性があると先述したとおり、その場所に邪気や負のエネルギーを感じるからこそ来ているケースもあります。野良猫だからといって追い払わずに、見守っているとと家にたまった負の気を払ってくれるはずです。

野良猫が居つくのは、家がまとう負のエネルギーを浄化しようと頑張ってくれているのかもしれません。

野良猫は自分の行動範囲を、荒らされたくない縄張りと捉えます。その中にあなたの家が入っていて、家についた邪気を払おうと奮闘しているとも考えられるのです。野良猫が来る家の運気は、上向き傾向にあり上昇しつつあると言えます。

もともとは負のエネルギーが満ちている場合もありますが、野良猫が邪気払いをしてくれてやがて良い運気に恵まれるはずです。乗り越えるべき試練や困難がある場合は、前向きに頑張ってもうひと踏ん張りしてみると、野良猫の力と相まってきっと良い方向に進むでしょう。

野良猫が見事に邪気を払い、負のエネルギーをプラスにしてくれたなら、やがて正のエネルギーが満ちてパワースポットに変わって幸運が訪れるはずです。

どちらの理由にせよ、野良猫の来る家の運気は上向くのです。

我が家に舞い込んできた茶トラ兄弟猫の金億ちゃん

野良猫がもたらすスピリチュアルな話として、我が家に突然舞い込んできた兄弟猫「金億ちゃん」のとても不思議なお話があります。

二〇二二年の春、寝ているとリアルな映画みたいな夢を見ました。その夢というのは……

私が神社に参拝していて二匹の狛犬を見ていたら、その眼がギョロっと動き、なんと動き出した。それから、狛犬二匹は私についてきて、一緒に我が家に入り込んできた。その瞬間、二匹の狛犬はみるみるうちに茶色の猫に変わり、机の上に乗った。その前には何かが置いてあった。それを恐る恐る開けてみると、なんと！　宝くじロト7が一等一一億円!!　二匹の茶トラ猫はそれをみてニヤッと笑っていた。

ワーどうしよう、こんな大金と思った瞬間、目が覚めました。

「なんだ、夢か」

がっかりしながらも、運が良い夢だったので、すぐにヤフオクにちょうどあった九谷焼の茶色の二匹の招き猫を対で落札しました。宝くじ一等でなくても高額当たりますようにと。


それからすぐに信じられないことが起こります。それは、夢を見たその日の夜にかかってきた知人からの電話でした。近所の軒下に産み落とされた、野良猫の仔猫を三匹保護したから、引き取り手を探しているので、よかったら引き取ってほしいというのです。すぐさま私は答えました。

「それはもしかして茶トラですか？」と。

するど、

「なんでわかるの？　さすが～三匹とも茶トラの雄ですよ」と言うではありませんか。

そのとき、背筋がゾゾ～ッとしました。あの狛犬二匹が変化《ヘンゲ》した茶トラ兄弟が本当に我が家にやってくる。しかもこんな急展開でやってくるというか飛び込んでくるという感じです。

知人が三匹のうち一匹は引き取るとのことで、私はすぐさま二匹を引き取ることに決め、翌日我が家に連れてきてもらうことになりました。

六月四日に二匹の茶トラ兄弟がやって来ました。まだ生後三週間位のようで、手のひらに乗るほど小さかった。私をお母さんと思ったのか、すぐさま私の胸に飛び込んできました。そのときの二匹の茶トラ仔猫のものすごいエネルギーがじんじんと伝わってきたことを覚えています。この狛犬の化身の茶トラ兄弟はただモノではないと直感しました。

茶トラ兄弟の一匹はたくましくしっぽも長く男前、名前は〝金矢《きんや》〟。

もう一匹は、顔はキュートで小柄で幸運の鍵しっぽ、名前は〝億宝《おくた》〟。

この名前は、予知夢を見て招き猫を買ったときからつけていた名前でした。我が家を選んできたことには間違いはありません。というよりも、神の使いでやってきてくれたこの子たちを大事にしようと心に決めました。

金ちゃん億ちゃんの茶トラ兄弟猫はとても仲良く、温厚で賢く、すくすく育っていきました。育っていくうちに、普通の猫よりも知能が異常に高く、やることなすこと人みたいで圧倒されました。精神年齢もとても高く、いつも穏やかで猫同士の喧嘩なんて絶対あり得ない、反対に喧嘩の仲裁に入るくらいの悟ったような、人みたいな猫らしくない猫でした。

兄弟はタブレットで猫動画を見るのが大好きでした。仔猫というより、人間の子どもと暮らしているような感覚です。金億ちゃんがやってきて、毎日が楽しくてしょうがなくて、我が家の雰囲気は一気にパッと明るくなりました。

金億ちゃんがやってきてから、猫たちが暮らしやすいようにと、庭中を高い塀で囲ってもらい、庭も遊べるようにしました。金億ちゃんが庭で遊んでいますと、色々な野良猫がやってきて柵の向こうで羨ましそうにこちらを見ています。どこからか隙間から庭に入り込んできて、金億ちゃんが自分のフードを彼らにあげていたのを見つけ、本当に優しい猫だと思いました。というか、自分たちを猫と思っておらず、野良猫に餌をあげている人のような感じに見えました。

それからも次々と野良猫がやってきたので、捕まえることができたら、保護して避妊去勢手術をして、増やさないようにしました。

二〇二三年夏のこと、続けて二匹のメスの仔猫が我が家の庭に転がり込んできます。金億ちゃんはその仔猫たちにフードをあげたりして見守っていました。野良の仔猫なので、すばしっこくてなかなか捕まらず、困っていたときに、金億ちゃんが猫ハウスに連れ込んでくれて、中でも大騒ぎしましたがどうにか捕まえることができました。

それから秋になって、動物病院に連れていき、色々な検査をしましたが異常なし。混合ワクチンも射ってもらいました。そこで聞いたところ、二匹は姉妹ではなく月齢も一カ月くらい違っていました。野良猫にとって環境がいいからうちに来たのでしょうと言われました。

大きなキジ猫はオスかと思っていたので〝シンバ〟、すばしっこい小柄なサビ猫は〝サビアン〟と名付けました。どちらもまだ生後半年にも満たず、見た目は可愛いですが、野良の仔猫なので全然なつかず、金億ちゃんが面倒をみてくれていました。

その後、お姉ちゃんのシンバを先に避妊手術に連れて行きました。次はサビアンを手術に連れていく予定でしたが、ちょっと二日間脱走した際に妊娠してしまいました。生後八カ月で妊娠するなんて、とんだ不始末でしたが、今回は生まれてくる子にご縁があったと思い、産んでもらうことにしました。

二〇二四年四月一五日、サビアンは猫ハウスの中で、金億ちゃんに見守られながら、仔猫を七匹も無事に出産しました。初めは皆元気に生まれてきましたが、すぐに三毛猫二匹が亡くなりました。サビ猫三匹、黒猫、白黒ハチワレ猫の計五匹がすくすくと育っていきました。

よく考えてみると、私が引き取るのはいつも訳ありの猫ばかりで、産まれたばかりの仔猫から育てるというのは、ほとんど経験したことがありませんでした。仔猫をちゃんと育てることの難しさを改めて思い知らされました。サビアンも頑張って育てましたが、金億ちゃんが思いのほかに世話好きで、母親代わりをして一緒に育ててくれて、それから無事に生後二カ月になり、一匹のサビ猫〝ゆなちゃん〟を残し、あとは里親が決まり、引き取られていきました。

不思議なことに仔猫とたまたま一緒に写真に写っていたシンバをみて、ぜひうちにほしいという人がいて、シンバも生後一歳で引き取られました。シンバは我が家に転がり込んできたキジの野良の仔猫でしたが、目がクリっとしたかなりの美猫でしたので、良い人のところに嫁げて本当に良かったと思います。みんな、良いところに引き取られ、ご縁で行くべきところに行くんだな、と納得しました。

ところが、その四カ月後、一番可愛かったハチワレ猫が、生後半年になったところで色々文句を言われて返され、我が家に戻ってきました。どうしても欲しいと言われて譲渡したのに突き返されて、そのときはその勝手さに憤りをおぼえました。

でもそれからすぐに、このハチワレ仔猫ちゃんはもともとうちに戻ってくる運命だったのだということを確信しました。猫との出会いは偶然ではなく運命であって、猫は飼い主を自分で選ぶということを、自らの体験を通してしみじみと実感した出来事でした。

我が家には次々と野良猫が助けを求めてか、やってきます。それは近所に野良猫をどうにか救おうなんて人たちが全くいないからです。どうにかするどころか、野良猫を害獣扱いし、毒をまいたり、苦情ばかり言ったりして理解がありません。うちは野良でやってきた子たちをどうにか捕まえて保護しています。野良猫たちには罪がないのに何かあってからでは遅いので、自分の周りの訳ありの猫たちは何とか助けるようにしています。

近所の心ない人たちは、近所のどこかで猫が歩いていたというだけで、保健所、市役所、警察にまで何度も通報するため、警察がうちに何度も来られました。うちが野良猫を集めて飼育放棄している、猫が近所にうじゃうじゃいるからどうにかしろという通報だったようです。実際は、我が家の自宅の庭全体を三メートルの高さの塀で囲い外に出られないようにして、猫ハウスにも入れていますので、猫が何匹も外をウロウロしているなんてありえないのです。

私はこれまでずっと、近所にいる野良猫のほとんどを捕まえて、自腹で避妊去勢手術もして増えないようにしてきました。それは弱い立場の野良猫たちがかわいそうだからです。価値観の問題ですが、うちの周りでは誰もしないので私がするしかないのです。

保健所や市役所からのお咎めはもちろんなく、警察は言われたから仕方なく来るんですと言ってらっしゃいましたが、猫がちょっと外をウロウロするぐらいで、市役所や保健所に通報しまくり、警察沙汰にまでして、大事件じゃあるまいし、犬猫はもちろん人間にとっても住みにくい生きづらい世の中になっていると、心底思いました。

でもこういった話、ここまでではないかもしれませんが、よく聞きます。同感される方は多いと思います。野良猫に関わると、すべて責任を押し付けられますが、野良猫には罪がないので、これからもできる範囲は助けていくつもりです。

我が家は、金億ちゃんがきて、野良猫さんたちのたまり場となってしまいましたが、さらに暮らしやすいように、猫ハウスを拡張したりなど環境を整える努力をするようになって、犬も猫も人間も住みやすい環境づくりができてきています。

猫たちのために色々頑張っていると、だんだん体力もついて元気になってきました。しかも、運気も上がってますます強運体質になってきている自分に気づきます。やはり、助けたつもりが助けられているのです。

野良猫が来る家の運気は上向きで良好と言われています。野良猫は基本的にポジティブなオーラを好みますので、温かい良いオーラをまとう人が住んでいたり、良い気を放つ土地であったり、邪気のない場所にいる傾向にあります。

ただし、野良猫は浄化すべき場所に集う習性があると先述したとおり、その場所に負のエネルギーを感じるからこそ来ているケースもあります。我が家はもともと負の土地で野良猫たちが家にたまった負の気を払って浄化してくれたのかもしれませんね。表面的には野良猫が我が家にやってきて助けたつもりが、実は助けてもらっているのだと、つくづく思います。

みなさんの家の周りの野良猫も、野良猫だからといって追い払わずに、見守ってみませんか。家にたまった負の邪気を払ってくれるかもしれません。そして、あなたに幸運をもたらしてくれるはずですよ。

金運をもたらした金億ちゃん

茶トラ兄弟猫の金億ちゃんがやってきて以来、毎日が充実してとても楽しく、色々な不思議なことがありましたが、一番大きな変化が「金運」の上昇です。

茶トラの猫は、スピリチュアル的に太陽のような明るい性質を持っているため、周りの人をポジティブにしてくれる力があるとされています。

茶トラ猫は、ポジティブなエネルギーを持つ猫。日々の繁栄、そして心の豊かさ、さらに穏やかで安定した状況を保てると言われ、守り神のような存在だと捉えられています。

そのため、飼い主は自然とエネルギーが湧くだけではなく、物事をポジティブに考えることができるようになります。

さらに、茶トラ猫は人を癒す効果が強いため、パワーがみなぎり、明るい気持ちで過ごせるようになるでしょう。加えて、豊かさを引き寄せる力もあるため、茶トラの猫がそばにいると金運アップの効果も。

思いもよらないところやまったく計画していないところからお金が舞い込んでくるなど、金運アップの象徴だと言われているのです。

宝くじに当たる夢を見たことから興味が強まり、金億ちゃんがやってきてから、スマホで毎日少しずつ宝くじを買うようになりました。それから不思議なシンクロが次々起こってきます。たとえば、スーパーで買い物していて、五五一円の値札が光っていて、もしやと思い１５５と入れたら、やはりその日のナンバーズ３では１５５が当選。また、スマホの画面がちょうど見たときに11：11、23：23、01：01などゾロ目が出たら、その番号をなんとなく入れると、その日のロト６やロト７に必ず11、23、１が組み込まれている、といった具合です。

これは神からのメッセージだと思い、常日頃から降りてくる数字を読み取ることに敏感になりました。もともとの透視能力と神から降りてくるシンクロが重なって、勘が優れてきたのです。

すると、数千円から数万円ですが、当たる頻度が増えてきました。銀行に振り込まれたロトやナンバーズで当たったお金は、犬猫の餌代や病院に払う治療費に当てました。

自分でも凄いと思うのは、ナンバーズは降りてきた数の一口しか買わないことです。一枚二〇〇円で数千円から数万円は凄くないですか。当たるというよりも当てるという感じです。

私は愛護団体ではないので寄付もなく、たった一人、自腹で訳ありのたくさんの犬猫たちをお世話をしているので、とても助かります。神からのギフトとしてありがたく受け取って大切に使わせて頂いています。

そして、さらに不思議な夢を見るようになります。いつも見るのは朝方の寝が浅いとき、場面はいつも薄暗い事務所の庭。小太りの小柄の帽子を被った黒い服を来たおじさんが立っていて、玄関前から移動して横の庭へ行く入り口に行き、手招きして、「こっちこっち~」「いいこと教えてあげよう」と私を呼ぶのです。

「なになに?」と私は喜んでついていき、庭に置いている長椅子に一緒に座ります。その日は、暗闇から猫が二匹足元に来ていました。おじさんは笑みを浮かべ、なんだか嬉しそうな顔をして、手に持っていた丸めたぐちゃぐちゃなノートを開いて、三桁の数字を何個か続けて書き出したのです。それはナンバーズ3の数字だとすぐにわかりました。

ある程度書いて、またすぐノートを丸めて隠しました。

「また今度教えてあげよう。じゃあまた」とお別れしました。

朝が来て目が覚めると、覚えたはずの数字がうろ覚えで一部だけしか思い出せなかったのですが、283、481、105だったような、それだけは何となく覚えていました。

それから四日間はその数字をナンバーズ3に入れていきましたが、全然当たらず、忙しくなって二日間ナンバーズを買うのを忘れていました。

すると五日目から、382、184と順番は違いますが、ノートに書かれた数字と同じ数字が当たっていたことに気づきます。ゾゾーッとして、覚えていた残りの数字105を、勝負をかけてストレートとセットで入れました。

するとやはり、その日のナンバーズ3の当選結果は〝105〟。

身震いがしました。当選金額は合わせて数万円の結構な金額でした。

あのおじさんの言った通りだ。

そのとき、あのおじさんは、神様であることに今更ながら気づきます。

あの帽子をかぶったおじさんは、事務所の玄関に置いてある大黒天の置物にそっくりでした。あの方は大黒様なのだと初めて気づきました。今度、夢に出ていらっしゃったら聞いて確かめてみようと思いました。

それから数カ月経って、ようやく再び夢に出ていらっしゃいました。

朝方の薄暗い中、帽子をかぶった小太りのおじさんは事務所の玄関のところにいらっしゃって、またしても手招きして「こっちこっち～」と言って私を呼びました。

同じように庭の長椅子に座ると、足元に猫が二匹やってきました。

「先日はありがとうございました」と話しかけましたら、

「あんなもんじゃない、まだまだこれからが本番じゃ」と。

「それはどういうことですか？」と聞きますと、

「そのうち大金が入って大金持ちになるから待ちなさい」

と大笑いして言われたので驚きを隠せず、

「どうやってそんな大金が入るのですか？」と聞きますと、

「心を落ち着かせるのじゃ。色々なチャンスがくるから、それを生かしなさい」と言われました。

ついでに次のロト6の当たり番号は？　と聞こうとしましたが、神様にあまりにも厚かましくて失礼と思い、

「大黒様はなぜ私にそんなに良くしてくださるのですか？」と聞きますと、

「あなたが好きだからです」と答えられたので、「はぁ?」と、想定外の答えにビックリ仰天。

動揺しながらも握手をしたその瞬間、目が覚めました。

目が覚めたら、横に金億ちゃんが一緒に寝ていて、私は金矢の手を握りしめていました。

もしかしたら、狛犬の化身の金億ちゃんが神の使いで、頼んで大黒様に会わせてくれているのかもしれない。そう確信しました。


夢の中で帽子をかぶったおじさんに会うときには、暗闇の中で足元には必ず二匹の猫がいます。暗いのでよくわからないけれど、それは金億ちゃんの化身、きっとそうに違いない。

神様に好かれるって光栄ですね。なぜ好かれるかはよくわかりませんが。

金億ちゃんがやってきてからというもの、野良猫たちが次々やってきて、どんどん我が家はパワースポットになってきている。野良猫たちのパワーはすごい。

猫たちと過ごすこれからの人生が本当に楽しみになってきました。

高額当選したら、もっとたくさんの不遇な野良猫たちが救える。宝くじでなくても、努力してチャンスがあって大金が入れば、同じこと。やる気さえあればどんなことでもできる。野良猫たちと幸せになれるチャンスを掴むために、これからも日々前向きに頑張って生きていきたいと思います。

第2章

猫は霊を視ている

猫は本当に超自然な存在を視ているのか

猫は「霊感がある動物」とされ、霊的な存在や神聖なエネルギーを感じ取る能力があるとも言われます。猫には霊が視えるのでしょうか？

猫が時々何も無い天井や部屋の片隅などを見つめていることはありませんか。猫がジーッと見つめる姿に、何を見ているのかとその視線の先を見ても、何もないと不思議に思った経験のある飼い主さんも多いことでしょう。

猫の不思議な行動には、猫の持つ優れた能力、もしくはスピリチュアルな意味が関係していると考える人も多くいます。果たして猫は本当に何か超自然的な存在を視ているのでしょうか？　それとも猫の能力が関係しているのでしょうか？

猫が「見えない何かをジーッと見つめる」理由は能力による現象？　それともスピリチュアルによるもの？　ここではそれを分析し、解説していきます。

1　猫の持つ能力の可能性

猫が見えない何かをジーッと見ているのは、「猫にしか感じ取れない音や匂い、物体」を感知しているからと考えられます。特に、人間に聞こえない音に耳を澄ましている可能性は高いのです。

猫は非常に優れた感覚を持っています。聴覚は二五ヘルツ〜六万五〇〇〇ヘルツほどの広い音域を聞き取り、嗅覚は人よりも数万倍鋭いと言われています。猫が霊を感じているかのような仕草をしているとき、聴覚が優れた猫には、人間には聞こえない音も聞こえています。猫が霊を視ているように見えるのは、人には聞こえない音を聞いているからです。たとえば小さな虫の音、床下の排水管を水が流れる音、近所の物音や動物の鳴き声などです。

猫はこれらの物音に耳を澄ませて、獲物や敵ではないかと観察している可能性があります。暗闇でも何かを見つける能力が高く、暗視カメラのような能力があるため、一見私たちに見えない霊の世界が視えているかのように思われます。

猫が暗闇の中、霊が視えているかのようにジーッと見つめているとき、夜行性の猫は暗闇に潜む気配や、わずかな空気の流れを察知しているのかもしれません。

また、一説によると、猫には人には見えない光の反射や紫外線が見えているとも言われています。人間が視覚で認知している世界より、猫はずっと多くのものを視覚化しています。特に夜行性である猫の目は、まるで暗視カメラのように暗闇の中の存在を認知し、わずかな振動でもその肉球で察知することができるのです。人間と生活しながらも野生の部分を多く残す猫は、独特の「気配」を察知しているようです。たとえば光の反射や影、風によって微かに動くカーテンなど、日常の中のちょっとした変化に興味を持ち、それをしばらく観察していることもあります。

視力は約〇・三程度と言われており弱いのですが、動体視力はかなり優れていて、動き回る小さなものを瞬時に見つけるのが得意です。また、猫は非常に好奇心旺盛な生き物です。特にハンターの要素を持つ動物である猫は、獲物を発見して捕まえるため、観察力が優れています。

小さな変化や動きに敏感で、物理的に何も動いていなくても、ヒゲから感じる感覚、光の変化を察知し、それに興味を持つ。私たち人間には大したことがないように見えても、猫にとっては獲物を狙うような行動の一環なのかもしれません。

このように、猫は鋭い感覚を持っているため、人間が気づかないような小さな虫や何らかの動く物体、もしくは庭や天井裏を歩く小動物の足音などを感知できると言われています。

私たち人間には猫のような感覚はないので、「幽霊を視ている⁉」と思うかもしれませんが、そういった物理的な原因の場合は、猫の鋭敏な感覚があるゆえの、猫にとってはいたって普通の行動となります。猫は蚊のような小さな虫でも、飛んでいるとすぐに気づきます。人間には感じられないことも、猫にとっては簡単なことにすぎません。

2　スピリチュアルな視点の可能性

猫の見えないものをジーッと見つめて威嚇するといったような不思議な動作や行動には、スピリチュアルな意味があると考える人も多いのです。

猫は「神の使い」や「霊感がある神聖な動物」とされ、霊的な存在や神聖なエネルギーを感じ取る能力があるとも言われています。この考え方に基づけば、猫が見えない何かをジーッと見つめているとき、優れた猫特有の能力とは別に、霊か何かのエネルギー体を感じ取っているというスピリチュアルな側面の可能性も否定はできないはずです。

とはいえ、猫に直接聞くこともできませんし、霊的なものを実際に感じられる人も少ないと思うので、信じるかどうかはあなた次第になってしまいますが。

よく猫には幽霊が視えていると言われますが、「本当のところどうなのかな？」と思っている方にひとこと言わせてください。私の感覚では、確実に視えています。

猫には霊的なものが、優れた能力とはまた別にあり、第六感、特に霊感が優れた生き物です。そして人間よりも不思議な力が強く備わっていて、強い霊的な能力を持っているため、霊をふつうに視ることができます。

人には何も見えないのに、飼っている猫が見えないものをジーッと見つめる行動は、時に不思議に思わせる現象ですが、それは猫独特の感覚や好奇心が関係している可能性が高いものの、スピリチュアルな要素も否定はできません。

それは、研ぎ澄まされた第六感の透視能力を持つ私自身が、霊やこの世のものでないものを見ているとき、我が家の猫も必ず同じ目線で見ているからです。

反対に、私自身もよくわからない、霊現象ではないときに猫が一点をジーッと見つめていたり、威嚇していたりするような場合は、この世にいる何か動物や虫などがいるということになります。

結局のところ、「見えない何かをジーッと見つめる」理由は能力的な現象？　それとスピリチュアルによるもの？　という疑問に対する答えは、どちらの場合もあるということ。これまで述べた優れた能力による場合もあれば、霊などが視えるスピリチュアルな場合、どちらもあるということです。

霊を察知したときの猫のしぐさは？

ここまで、一体なぜ猫は何もない空間を見つめるのか？　という問いに答えてきました。猫には人間に見えない紫外線や赤外線が見えているそうですから、猫が霊を視ていても不思議はありません。

私たちは通常は視認できないものを視てしまったときに〝霊〟と呼びますが、もしかすると猫にとっては霊を視ることも普通のことであり、特別なことでもないのかもしれません。

霊を視ているかもしれない猫の仕草には特徴があります。中には飼い主さんの背後や頭の上あたりをジーッと見つめて、まるで霊か何かを目で追うようなしぐさをする猫もいるようです。ちょっと怖いこの行動……、人間には不可解に見える行動ですが、その最中に猫は霊を視ているかもしれません。

あなたの猫は、突然次のような行動をとったことはありませんか。ここでは、猫の能力ではなく、スピリチュアルな意味で霊を察知したときの猫のしぐさをパターンに分けて考えてみます。

突然何かを目で追い、探し始める

ついさっきまで寝ていてゆったりしていた猫が、急に何か恐ろしいものを見たかのように威嚇して、背を膨らませて明らかに興奮している。そんなとき、おそらく猫は人には見えない何かを見たか、気配を察知しているでしょう。

キョロキョロと落ち着きなく、目で何かを追っているときも、猫の目にはあなたに見えない誰かが映っている可能性が高いです。

過去に一緒に住んでいて亡くなった人や、猫や犬などの霊をみて、キョロキョロする場合が多いのです。亡くなって間もない人や動物がいた場合、この世への未練があり、まだ残っているのかもしれません。お彼岸、お盆、命日などに、猫のこの行動が多くみられます。

今日は嫌なものを背負ってしまったという感じがしたとき、家に帰ると、自分の飼い猫がハーっと威嚇していつもと違う。また、飼い犬が何もないはずの後ろのものに異常に吠えたりする、なんてことはありませんか。

それはたぶん、あなたがなにか霊的なものを憑けて持って帰っているからかもしれません。

ご自宅で犬や猫を飼われている方で、飼っているワンちゃん猫ちゃんが誰もいない空間を凝視していたり、突然吠え出したり、落ち着きなくウロウロ歩き回ったりしたことがあるなら、結構な確率でそのお宅、そのときは霊がいたといってもいいでしょう。

動物が持っている、人間より強いスピリチュアルな能力は、言葉を持つこともなく、人間とは違う動物だからそのような力があっても当たり前なのだ、と考えればなんの不思議もないでしょう。その能力は、動物によって多少の差はありますが、大なり小なり、どの動物もある程度は持っていると考えられます。

突然一点に執着してジーッと見始める

部屋のあらぬ方向をジーッと見つめたり、何もないのに何かを目で追ったりしているとき、猫は霊を視ています。天井や部屋の隅など、霊が集まりやすい場所を見つめていることが多いはず。

誰もいない何もない方向を見つめる猫の瞳が丸くなる

これも天井や部屋の隅など、あらぬものを見つめているときに猫の瞳が丸くなっていることが、今まさに霊を視ているサインです。

猫は興奮すると、瞳孔がひらき、目がまん丸になります。ジーッと何かを見つめている猫の目がまん丸だったら、それは、あなたが見えない霊を見つめている可能性がります。霊が去ると、猫も見つめるのをやめ、瞳のサイズも通常に戻るようです。

突然威嚇行動を始める

野生の部分を多く残した猫は、飼い主が傍にいたとしても危険を察知すると敵意をむき出しにする習性があります。もちろん人間にはその危険を察知することはできません。霊を見て危険と判断した場合には、異常に興奮したり、威嚇行動をとったりするのです。

悪い霊や邪気を感じると、猫は威嚇する場合があります。誰もいないのに、何もない空間や壁にむかって威嚇する場合は、その場所に何かがいることを教えてくれているのかもしれません。

我が家の猫ハウスは霊道の通り道にあって、そこに住んでいる億ちゃん金ちゃんという二匹の茶トラ兄弟猫は、ものすごく霊感が強いので見張りが忙しいです。

霊道に霊が通って霊聴が聞こえた瞬間、いつも窓際に金億ちゃん二匹が走りこんできて、ハーっと威嚇しながら、オートバイが走り抜けるように霊が通り過ぎるのを凝視しながら霊が移動すると同時に、それを視線で追いかけるのです。まるで狛犬みたいで、スピリチュアルなニャルソックの頼もしい金億ちゃんです。

ちなみに霊道とはその名の通りあの世とこの世を結ぶ霊の通り道。人や動物の霊であったり、妖怪であったり、あるいは神様であったり、この世のものではない霊体が通る道。もともとは、道は霊が成仏に向かうための道で、亡くなった死者が通るものと言われています。

ペットとして身近な動物である犬と猫は、その性質が違うことから、たとえば同じ霊的なものを見たとしても行動が違ってくると思います。

性格にもよりますが、私の経験からすると、強い霊的なものを見た場合、単独行動の習性がある猫はジーッと見ているだけとか、酷い場合は〝ハーッ〟と怒って逃げることが多いのですが、犬は吠えて霊に立ち向かうことが多いのです。

これは犬本来が持つ、正義感が強く危険に果敢に立ち向かうというような犬の性質からきているものではないかと思われます。猫は犬のように〝誰かのために働く〟のに向いていない、単独行動をする基本的に自己中心的な動物ですから、動きたがらないのに要求しても仕方がないのかもしれません。

昔、『ゴースト』という有名な映画の中で、亡くなった恋人が霊として現れて、それを猫だけが気づいて、〝ハーッ〟と怒って逃げるシーンがあったのを覚えています。これはそういう霊的なものに遭遇した場合の猫の行動を、わかりやすく表現していると思います。犬と猫の霊を見たときの性質による行動の違いはありますが、いずれにしても霊を視ているということには、変わりはないのです。

以上述べてきた行動は、いずれも猫に優れたスピリチュアルパワーがあることを示唆するもの。あなたの傍にいる猫に限らず、どの猫にもこうした能力は当たり前のように備わっています。

猫には少なからず人間には無い能力や、感覚があることがわかりました。もし猫に霊感があって、悪い霊が近くにいるとき知らせてくれるのであれば心強いですね。

このように猫は私たち人間にとって、常に新しい発見と驚きをもたらしてくれる存在です。猫の行動の謎を解き明かそうとする過程そのものが、猫との生活をより魅力的なものにしてくれるのではないでしょうか。

猫にも犬にも、人間が見えない世界が見えているのは明らかです。猫と犬の隠れたパワーをもっとたくさん知って欲しい。私たちが見ることのできない霊を見たり、気配を感じたりする猫も犬も、多くの場面で我々人間に暗示を与える神のような存在なのかもしれません。

彼らの優れたスピリチュアル能力であなたのエネルギーもバージョンアップするのは間違いありません。猫も犬も凄いのです。彼らを大切にしてあげることで、あなたも必ず有意義な人生を送れるはずです。

永遠のナイト　ブラッキー逝く

俺様は天使猫。女一人で頑張っているお母さんを、守ってハッピーにするために神様が遣わしたナイト。それが俺様、ラッキーな黒猫のブラッキーなのさ。

お母さんは俺様が神が授けた天使猫とは知らないよ。

お地蔵さんに捨てられていたところを、病気が治るように参拝しに訪れたお母さんが、俺様を連れて帰ろうと、一目で決めてくれたんだ。

ブラッキーは捨てられていたのを保護して連れて帰った猫です。ブラッキーとは、チャコが亡くなった年の冬、二〇一一年一二月にお地蔵さまで有名な観光地に久しぶりに行った際に出会いました。

当時私は脳梗塞のあとで入退院を繰り返しており、何年も行けなかった病気回復に御利益があると言われている「北向地蔵尊」に知人に連れて行ってもらいました。明治の頃、市外に住む重病人が祈祷をする人に「片倉の高台の北に向いたお地蔵様に祈願すれば全快は疑いなし」と教えられて願かけし、満願の日に全快したことが由縁であります。

北向地蔵尊にはいつもたくさんの野良猫がいました。北向地蔵尊に行ったその瞬間、この黒猫との運命の出会いが……。

「あっ!!　ブラッキーだ!!」

この温厚そうな洋猫の雑種の黒猫を見て、以前飼っていたブラッキーという黒猫を思い出しました。お地蔵さんにいる黒猫と大好きだったブラッキーが重なりました。

その日は、連れて行ってもらった帰りで夕方だったので急いでいたのと、知人に気兼ねで家に連れて帰ることはできず、後ろ髪引かれる思いでしたが、とりあえず帰りました。

でも、あんなに優しい人懐っこい猫が、悪い人に出会って何かあってはいけない、これから寒くなるし、どうしよう、気になる……と、その黒猫が気になって、何も手につかず、頭の中をぐるぐると駆け巡りました。今思い出しても、そこまで気になるということは、ブラッキーとは縁が深かったのだと思います。


私は当時まだ運転できなかったので、人を雇って連れて行ってもらうことにし、翌日の朝、車で二時間近くかかるその場所に、当時生きていたプーちゃんと一緒に、黒猫ちゃんを迎えにいったのです。

ブラッキーは以前いたブラッキーの二代目。

名前は、もちろん〝ブラッキー（二号）〟。

お土産を売っている人に「ブラッキーくんを連れて帰ります」と言いましたら、「良かったね、運の良い猫だ‼　幸せになるんだよ」と声をかけられました。

ブラッキーの名前由来は、
Black（ブラック）＋ Luky（ラッキー）＝ブラッキー

必ず幸せになるという意味が込められています。

聞いたところブラッキーは、まだ幸いなことにここに捨てられて二週間以内であまり放浪していませんでした。

「さあ！　帰りましょう!!」

そう言ってドアを開けたら、自分で車にサッと飛び乗ったのです。シンデレラのかぼちゃの馬車に乗り込んだブラッキーは、幸運を掴んだのです。

レオナルド・ダ・ヴィンチの言葉に「幸運の女神には前髪しかない（後ろ髪がない）」「だからチャンスがやって来たら逃さずつかめ」というものがあります。

飛び乗ってセカンドチャンスを掴んだシンデレラボーイのブラッキーを乗せたカボチャの馬車は、我が家に向かって走り出しました。それから、ブラッキーの新しい人生が始まったのです。

ブラッキーくんは、家の生活にもその日から慣れて、当時いたプーちゃんともすぐに仲良しになりました。

当時は一〇kg近くもあった大柄のメインクーンの雑種で、子熊と間違われたことがあるほど。たてがみもあって貫禄のある立派な猫でした。それでも捨てるなんて信じられません。

かかりつけの獣医さんによると当時推定三歳くらいとのこと。見た目もまだまだ若く、これからの輝かしい第二の猫生の始まりでした。

ブラッキーはこれまで飼った猫の中でも極めて賢く、強面の顔をしていましたが、とても温厚な優しい猫でした。そして、見えないものが見えるとても霊感が強い、スピリチュアルな猫でした。犬たちの朝夕のお散歩にいつもついて来て、近所の人気者でした。

ほとんど遠出をすることもなく、いつも家の周りのどこかにいて、塀の上などで狛犬のように見張っていました。ブラッキーはテレパシーで、何も言わないのに何かあったらすぐに飛び出してきました。他の犬や猫が脱走して林を捜索するときも、どこからともなく林に飛び入って一緒に探そうしてくれるような、使命感にあふれた勇敢な猫でした。数えきれないくらいの武勇伝があります。


俺様は神が授けた天使猫。神様が遣わしたナイト。お母さんが具合悪いときもずっと見守ってきたのさ。ようやくお母さんがうちに帰ってきて最近はずいぶん調子が良くなって楽しく暮らしているよ。俺様ブラッキーがずっと見守っているからなのさ。抱きしめて連れて帰ってくれたときから決めていた。必ず俺様が守ってやると。

また、とてもスピリチュアルな猫で、霊が普通に見えており、よく悪霊を追っ払ってくれました。一番の記憶に焼き付いているのが、チャコが亡くなった翌年、二〇一二年夏の入院する前日の朝の出来事です。

私は、高熱と体中のただれで、痛くて苦しくて全く動くことができず寝たきりで、いつどうなっても仕方ないほどの極めて危険な状態でした。

熱が四〇℃位になることもしばしばで、たまに意識がなくなってしまいます。夢に出てくるのはあの世の景色ばかり。もしかしたら、今度こそダメかもしれない……。そんなことも思ったりしましたが、痛み止めや熱さましなどの強い消炎剤を過剰に飲んでどうにか紛らわせて、痛みと苦しみに耐えることしか考える余裕がなかったのです。

そんなときに、裏に異常にカラスが集まって鳴いていました。ガーガーと不吉極まりない声で。しかも目の前には、黒いマントを来た不気味な黒いおじさんが見えました。

「またしても死神がやってきた。もう今度こそダメだ」

四〇℃以上ある高熱が続き、朦朧とした意識の中で本気でそう覚悟しました。


そのとき、ブラッキーがどこからともなく走ってやって来て、裏に飛び出していきました。無理やり起きて、私も裏に行きますと、さっと柿の木に登り一瞬で上まで登りつめていきました。そこで見たものは――。

なんと、柿の木にいた十数匹のカラスを、手で次々と追っ払っていくブラッキーの姿でした。カラスは皆、いっぺんにどこかに飛び去っていってしまいました。死神の使い？　のカラスを追っ払ってブラッキーは大満足そうでした。

それから、物の怪がとれたように、辺りの不気味な感じがなくなりました。その当時、私は極めて危険な状態だったのだと思います。

ブラッキーの武勇伝はほかにもたくさんあります。拾って連れて帰った恩返しだったのか、いつも私を見守ってくれるナイトでした。

今いる子たちの中では一番の古株で、チャコとプーちゃんが亡くなった後も、入退院を繰り返していた闘病中にずっと支えていてくれました。私もそれから入院することはなく、何とか保って家で普通のことができるくらいになりました。

それから八年の月日が経ち、二〇一九年に入ってブラッキーが体調を崩しました。気付いたら、とても大きかったブラッキーもお爺ちゃんになって痩せて小さくなっていました。推定一三歳以上くらいで、何か病気があったのかもしれませんが、調べてもわかりませんでした。

二月に出血多量で二度も死にかけましたが、どうしても生きたかったのでしょう。気力で復活しました。それからもお散歩にはついては行っていました。

春になってからかなり痩せてきて、高栄養なものを与えたり、サプリメントを飲ませたり色々していましたが、何とか生きている状態でした。お爺ちゃんになっても、若いころと変わらず半分は外に出て、狛犬のように見張っていました。

そんな中、一生忘れることのできない事件が起きました。

うちの近所には、しょっちゅう言いがかりの因縁をつける精神異常の恐ろしいクレーマーがいてとても困っていました。うちには女しかいないからと馬鹿にして、何もしていないし起こってもいないのに、警察などあちこちに通報するなど、やりたい放題でした。六月のある日、車で家に帰ってすぐに、怖い男二人組が車庫に怒鳴り込んできました。私が悪いと、一方的に全く身に覚えがない訳のわからないことを言われて取り囲まれました。

その瞬間、よれよれのブラッキーがどこからか走ってきて、その怖い男の二人の前に立ちはだかったのです。そのときの情景は目に焼き付いて、一生忘れません。

男たちは老猫を目の前にして追っ払おうとしますが、ブラッキーは頑として動こうともしませんでした。人間のクズのような男二人は、怒鳴り散らかした後、文句を言いながら逃げていきました。

結局のところ、全くの冤罪とわかりましたが、身内も誰も助けてくれず、むしろ私を犯罪者扱いでした。味方になって助けてくれたのがお爺ちゃん猫のブラッキーだけだなんて……。恩返しを通り越して、男らしい危険を顧みないナイトでした。

その健気な姿を見て、私はブラッキーを守って、どうにかして生かしてやると誓いました。薬と漢方薬、サプリメント、滋養があるフードをこまめに与えるようにしました。

でも、寿命には勝てませんでした。


出会ってから八年が過ぎたある日の夜こと、神様が現れてこう言ったんだ。

「お前は立派に勤めを果たした。よくやった。だからもう帰って来なさい」

俺様はすぐにこう言い返したよ。「お願いだからもうちょっとだけ待って。もう少し仲間と一緒にいたいよ。お母さんもまだ色々大変だから俺様が必要なんだ。だからまだ連れて行かないでよ」

だけど、俺様は神様が授けた天使猫。お母さんが幸せになったら、神様のところに戻らないといけない……。

神様は俺様にこう言いました。

「あと半年後のお地蔵様の日、八月二四日に迎えにくる。それまでにやりたいことはすべてやりなさい」と。

「ありがとう、神様。その間にやれることはやってくるから。ありがとう……」

最後に動けたのは皮肉にも八月一七日の黒猫感謝の日。それが最後でした。

そのとき、ブラッキーはまばゆいほどの七色の光と紫色の光で覆われていました。

今振り返ると、それはもう神様のお迎えが来ていたのだと思います。

でも次の日から、動けなくなってしまい、それから行方不明になってしまいました。

どこを探してもいませんでした。

ブラッキーは一人でどこかに隠れて死のうとしている……。

お願いだから、帰ってきてちょうだいよ。

私は、ブラッキーにテレパシーで伝えました。

それから、二日後の夜、よれよれで道路を通るブラッキーの姿が。

帰って来てくれた！

私の誕生日、八月二四日のお地蔵様の日に戻ってきてくれました。

お風呂で水を飲むのが大好きでしたが、お風呂場まで行って倒れてしまいました。

生きたいんだろう、気力を奮い立たせて気力で生きていました。意識朦朧でも頑張って精一杯生きていましたが、そのときもう時間の問題だと思いました。

ブラッキーはみんなの所にいたいみたいでした。無理やり水分栄養補給と薬を与え、「元気になってまたお外で遊ぼうよ。みんなと一緒にお散歩行こうよ」

もう無理だとわかっていましたが、そう声をかけると、嬉しそうにニャーと鳴きました。それが最後の声になりました。

それから、ほとんど動くことはなく、そのまま一週間で亡くなってしまいました。

八月三〇日　一一時二〇分　ブラッキー永眠
最後まで諦めず生き抜いてくれました。本当は八月二四日の私の誕生日のお地蔵さんの日に、静かにどこかで亡くなるつもりだったのが、寿命を一週間延ばしてもらい、みんなに囲まれて、長老ブラッキーは去りました。

家で亡くなったことが救いです。夏の終わりとともに一緒に闘病生活を頑張ってくれた戦士の最期。一生涯ずっと、私を守って守り抜いてくれた男らしいナイトでした。保護して約九年。

たくさんの奇蹟を見せてくれてありがとう。共に生き抜いてくれてありがとう。


──

八月二四日、とうとう最後の日がやってきた。俺様は格好よく一人で逝くよ。お母さんが悲しんで泣く姿を見たくないからな。でも本音を言うとおうちに帰ってもう一度みんなに会ってお母さんに抱かれたい。

そこで神様はこう言ったんだ。

「あと一週間の猶予を与えるから家に帰りなさい」と。

だから俺様は最後の力を振り絞ってうちを目指して帰ったのさ。そりゃあお母さん喜んだよ。やっぱり帰って良かった。神様、ありがとう。


亡くなる瞬間に不思議なことが起こりました。

私は本を朝方まで書いていたので起きたのが一一時くらいでした。朝起きたらすぐに用事があるのですが、何だか胸騒ぎがすると思っていたところ、居間でバスタオルにくるんで横になっているブラッキーのところに、今まで関心がなかった犬たちが走って行って大騒ぎをして吠えまくったのです。

すぐさま、ブラッキーのいつもの居場所の廊下のテーブルの上に移したところ、そのまま呼吸がおかしくなって、私の胸の中でそのまま亡くなってしまいました。抱き上げて北向地蔵尊で拾ってきたのも、最後に看取ったのも私の腕の中でした。亡くなった顔をみると、はじめは悔しいような顔をしていましたが、神が迎えに来たからか時間が経つにつれてだんだん優しい顔になってきました。まだまだ生きたかったのだと思います。何度も何度も死にかけても立ち上がり、気力を奮い立たせて生きてきた。ブラッキーは、最後の最後まで頑張って生き抜いた。


あれから一週間。もうすぐ俺様はいなくなる。

寝坊助のお母さんはまだ寝ている。あっ、起きてきた。いつもの大きな声がする。みんながご飯を食べて騒いでいる。いつもの音だ。すべてが愛情でできあがっているこの音は幸せの証なんだ。ああ、俺様は幸せだったんだなぁ。

もう神様が迎えに来た。今度こそは行かないといけない。お母さんはいっぱい泣くだろうな。最後の瞬間は辛すぎるからお母さんを呼ばないことにしよう。すべてが終わったら呼ぼう。

「お母さん…ありがとう、またな」って。

神様ありがとう。このうちの子にしてくれたことに心より感謝するぜ。できることならまた生まれ変わって、もう一度この家の子にしてほしいな。それが最後の俺様の願いさ。

ノウゼンカズラなどの庭の花をたくさん採って、ブラッキーの亡骸を、仲の良かったプーちゃんの横に埋葬しました。ブラッキーを気にかけてくださった方々がお花やフードをお供えに持ってきてくださいました。

捨てられた野良猫出身でしたが、八年以上、ずっとブログに登場し続けてたくさんの方々にかわいがってもらい愛されて、ブラッキーはとても幸せな猫生だったのだと思います。

過酷な環境の中で捨てられて生きていたブラッキーの猫生のロウソクの命の灯は、すぐに消えるはずだったかもしれなかった。

けれど私との突然の出会いでかぼちゃの馬車に乗り込んでからは助け合って生きていたこと。出会いと別れを走馬灯のように思い出していました。ブラッキーはともに生きて、私に幸運をもたらしてくれた。最後まで守ってくれた男らしい最高のナイトでした。

あのとき出会っていなければ、ブラッキーは北向地蔵尊で野良猫として短い人生を終えていたかもしれない。振り返ってみると、運命共同体のブラッキーとは必然的な運命の出会いだったとつくづく思います。

出会いというのは一見偶然であるように思えますが、出会いには偶然というものはありません。偶然の出会いも偶然ではない。出会いというのは全てが必然。全ては自分で作った必然の出会いなのです。

ブラッキーは、不本意にも捨てられて、自わからうちの家族になろうと飛び込んできた。そして九年近くも最後まで忠誠を誓って生きて生き抜いた。その生きざまを伝えようと、力を込めて書きました。これがブラッキーの一番の弔いになるような気がします。

我が家には代々、なぜかいつも黒猫がいましたが、ブラッキーが亡くなって、黒猫はいなくなってしまいました。今度また黒猫に生まれ変わるの？　ブラッキーはとても賢い猫だったから、今度は何に生まれ変わってくれるのかな。何でもいいから生まれ変わってまた見守ってちょうだいよ。ブラッキーは永遠に私のナイトです。

ブラッキーが亡くなってから、やはりかなりショックで意気消沈しておりました。それから、すぐに二〇一九年秋のお彼岸になり、裏の林のブラッキーのお墓に行って拝んでいますと、木に大きな黒いアゲハ蝶がとまっているのを見つけました。その蝶は、まるで何かを語りかけているように、私の周りを飛び回っているのです。その黒いアゲハ蝶は、人懐っこく近寄って、私の頭上を何度もヒラヒラと飛び回りますので、必ず意図があると思いました。

この黒いアゲハ蝶に手を差し伸べましたら、驚いたことになれなれしい感じで、すぐに手の上にのってきたのです。

家の裏の倉庫の中へ何度も入っては出て来て空を舞う黒い蝶々が、一瞬ブラッキーに見えました。亡くなったブラッキー魂が生きているときのように裏庭を走り回り、木に登り、倉庫に入っていく…。それは生きているときのブラッキーの行動そのものでした。

もしかすると、この黒いアゲハ蝶は、ブラッキーの魂を追いかけているのかもしれないと、そのときフッと頭を過ぎりました。ブラッキーが蝶を使って、私にその存在を伝えようとしていることが、ありありとわかりました。

そのとき軽い金縛りにあって

「こっち、こっち」

という想念伝達がきました。

亡くなったブラッキーの魂が蝶に乗って、「ここにいるよ」と教えてくれたのです。

大好きなお母さん。泣かないで。俺様はいつもそばにいるよ。風になってあなたのところに飛んでいく。目に見えなくてもいつも心の中に俺様はいるんだよ。たとえ会えなくても寂しくなんかないよ。だって心はいつも繋がっているんだから……。

自分がいなくなってからずっと悲しんでいる飼い主が心配になって慰めてくれたのです。亡くなってもここにいるよ、心は通じ合っているんだから悲しまないでと、そう言いたかったのだと思います。

「ブラッキー!」と呼んだらぐるぐる回って、ここだ! と言わんばかりにバタバタ羽ばたいて、名残惜しそうに空高くどこかへ飛んでいきました。

黒い蝶は亡くなった人の魂が乗っている、〝黒い蝶には魂が宿る〟というのは本当です。

亡くなった魂の霊の磁場を、黒い蝶が追いかけるという感じです。辺りはブラッキーの魂が霊になってあたりをウロウロ走り回っていました。

黒い蝶の不思議な言い伝えは、私は本当だと思います。亡くなって肉体は無くなってしまっても、魂は永遠なのです。もし、あなたの周りを固執してヒラヒラ飛び回る黒い蝶々がいたとしたら、それは大事な人や可愛がったペットの魂が宿っているのかもしれませんよ。

第3章

猫の体当たりの恩返し

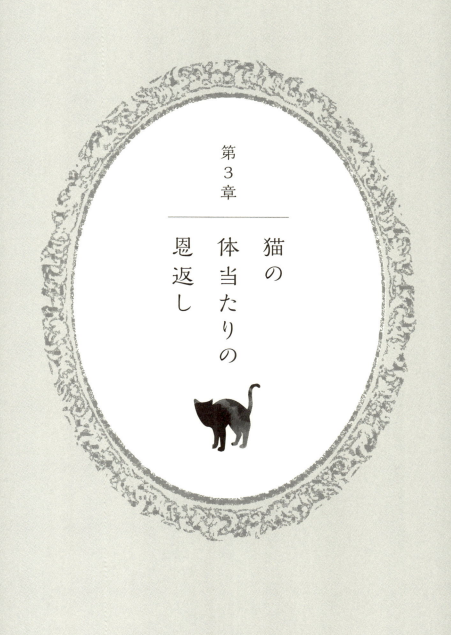

猫の神さまがついている

私が個人的に猫や犬の保護活動をすることになったきっかけは、私自身が経験した長い闘病生活にあります。まずはそのお話から始めないといけません。

私は物心ついたころから動物が大好きで、猫や犬が一緒にいれば、それだけでご機嫌な子どもでした。

私が幼少期に住んでいたアパートの近くには、公園がありました。この公園には野良猫がたくさんいて、私は自分を「猫の親分」と称して、猫を引き連れて遊んでいました。この公園で私の人生観が確立したといっても過言ではありません。

その公園には、ダンボールに入れられて子猫がよく捨てられていました。私はダンボールごと子猫たちを連れ帰っては、親に叱られて引き取り手を探したり、アパートで内緒でこっそり飼ったりしていました。

世の中、猫を捨てる人はいても、引き取るという人はなかなかおらず、大人も言い訳ばかりであてになりません。自分がどうにかしないと猫たちは死んでしまうため、猫の親分としては絶対に放ってはおけませんでした。

そんな猫バカな私でしたが、犬も大好きでした。でも、犬は隠しても吠えるためアパートでは飼うことができないので、あきらめていました。

そして、寒い冬のある日、白い老犬のプードルが公園に捨てられていたのを発見。でも、アパート暮らしでどうすることもできません。

とりあえず毎日餌を隠れてあげていましたが、それから数日経った、ある寒い晩、とても不吉な予感がして、あのままにしていたら死んでしまうからどうにかしようと思いなおして朝方に駆けつけてみると、公園の片隅で冷たくなっていた。今も思い出すたびに無理やりにでも連れて帰らなかったことを後悔しています。本当に可哀そうな結末となってしまいました。

それから苦情を言われたりして、保護できないアパート暮らしが嫌になり、父と母が作ったなけなしの頭金を払い、田舎の庭の広い一軒家、今の我が家に引っ越しました。私が小学校一年生のときでした。新しい家は、裏は川と林で、前は田んぼという自然あふれる環境でした。林から狸や狐が遊びに来たり、アオサギやカワセミなどの色々な種類の野鳥が飛び交ったりしていました。

自然の中で動物たちとふれあう、幸せな子ども時代を送っていましたが、中学二年生になってすぐ、一三歳で自己免疫疾患の難病を発症し、事態は一変します。それ以降、これまでの人生の大半は入退院の繰り返しとなりました。

炎症性の病気のため、抑えるために薬漬けの毎日。中学校も高校も休みがちでしたが、どうにか卒業はできました。青春時代を謳歌するなんてもってのほか、普通に暮らすことはおろか、家にいられるだけでも幸せと思えるくらいでした。

病気で入退院を繰り返し闘病している間も、捨て猫を見つけると可哀想で放っておくことができずに、拾っては家に持ち帰るということを続けていました。両親に怒られていましたが、いつも最後には許してくれていました。

捨て猫や訳ありの犬を拾っては里親を見つけて譲渡し、引き取り手がない場合は自分で飼っていました。可哀想な境遇の犬や猫たちが闘病中の自分と重なり、目にしたら放ってはおけませんでした。

そのため、私のそばには、いつも猫と犬がいました。病気に苦しみながらも、なぜ、そこまでして野良猫を拾い救い続けたのか。それは、あの公園で白いプードルを救えなかった、心からの後悔があったからです。幼いながら私にあった、二度と後悔したくないという強い思い――。それに尽きます。

悲しいことに、闘病中も私は猫や犬が捨てられた数多くの可哀想な場面によく直面していました。一番記憶にあるのは、真夏だったのにゴミ箱にビニール袋ごと捨てられていた子猫たちと出会ったことです。かなりのショックでした。そのときの五匹の猫たちは、幸運にも生きていて、治療したらとても可愛くなって、すぐに里親が決まりました。

今、私が手を差し伸べないと、この子たちの命はすぐになくなってしまう。そんな事態の繰り返しでした。子供ながら、人間の身勝手さには、ほとほと嫌になっていました。でも、いつも考えることもなく、反射的にとりあえず持って帰っていました。必ずどうにかなると信じて。

当時はインターネットもない時代でしたが、里親を見つけようと頑張ると、どうにか見つかるものでした。里親が見つからず残った子だけ、ご縁があると思って我が家で飼うようにしていました。

この、「どうにかなる」というポジティブな考え方は、今でも私の心の中の成功哲学となっています。様々な困難に出くわしたとしても、くじけることなく、どうにかなるという考え方で、これまでも幾多の修羅場を乗り越えてきました。

私はごく普通の家で育った子どもでしたが、小学生で働くこともできない子どものに、なぜかお金の回りが良かったことを覚えています。親は、犬と猫のご飯は買ってきてくれるものの、避妊手術や医療費はほとんど払ってくれませんでした。しかし、どうしようもなく困ったときも、どこからかお金が回ってきて、不思議と何とかなっていたのです。

それに、私の名前で懸賞などに応募すると、不思議と高い確率で当たるので、母は私の名前でよく応募していました。宝くじも高額ではないものの数万円くらいはよく当たり、ガラポンクジもよく当たって、景品をしょっちゅうもらっていたものです。

それはなぜでしょう？　骨董品の三毛猫の招き猫に、お願いしていたからかもしれません。この招き猫に貯金をし、お願い事があるといつもこの三毛猫の招き猫さんに頼んでいました。大人になった今は、招き猫好きが高じて招き猫のコレクターになってしまいました。

捨て猫を拾っては両親に叱られていましたが、そんなときも、必ずどうにかなって、不思議と良い引き取り手が現れる。子どもながらに、いつも何とかうまくいく、このラッキーさを不思議に思っていました。もしかすると、この三毛猫の招き猫さんには猫の神様が、いや私には猫の神様がついているのかもしれないと思っていました。いえ、気のせいではなく、本当にそうかもしれなかったのです。自意識過剰かもしれませんが、大人になればなるほど、自分には神様がついている、神様に愛されていると信じるに足るような、不思議な体験が起こり、そう実感するようになっていきました。

交通事故と父の死

大学院の修士二年のときのことです。平成一一年（一九九九年）の冬の雨の日、ひどい交通事故に遭いました。父が心筋梗塞で入院しており、そのお見舞いの帰りに、自転車で修士論文を大学にもって行く途中に起きた事故でした。

父と同じ病院に救急車で運ばれて、集中治療室に同時に二人ともが入るという、今までの人生で最悪の事態が起こったのです。頭蓋骨骨折、脳挫傷、左肋骨・鎖骨全部骨折で意識不明の重体で、誰もが絶対助からないであろうと思っていました。ところが、非常に不思議なことに、頭の大手術後、後遺症もなく非常に早く治ってしまいました。

ただ、顔面の打撲と傷で顔はメチャクチャで、頭の手術で髪の毛は剃られて無くなり、頭とおでこの間には縫い目があって、まるでフランケンシュタインみたいになっていました。左の肩から飛び出した骨は、頭の治療が先でそのままにされていました。

このときは頭が猛烈に痛く、点滴攻撃の中でしたが、面会謝絶にしていなかったので、興味本位の人たちが次々とお見舞いにやってきました。あまりにも酷い姿に、私を化け物であるかのように扱い、笑ったように話す人たち。そんな他人事のような無慈悲な人たちに嫌気がさし、私は一気に人間不信に陥りました。

ようやく少し歩けるようになったころ、父の病室に行きますと、父は私の無残な姿を見て、泣いて追い返しました。

「お前くらいの歳の人はみんな元気なのに、何でお前だけこんなことになるんか」と言って、父は泣きました。父も病気で苦しんでいるのに、さらに交通事故で無残な姿になった私を見るのが苦痛だったのでしょう。

それからも悲劇は続きます。父は私の事故の約二カ月後に、家に一応帰ってきたものの、帰って二週間で三回目の心臓発作を起こし、あの世に旅立ってしまいました。最後まで、自分のことより娘を心配しながら急に逝ってしまった父。事故と重なりあまりのショックで、私は人と会うことすら嫌になってしまいました。人に相談することもなく、誰と話をしても所詮は他人事で嫌気がさし、それから三年間はずっと自宅療養、いえ、家に引きこもっていました。

その間、これまで忙しくて読めなかった本を読んだり、頑張って気象予報士の資格を取ったりしました。でも、心を閉ざして人と触れ合うことはほとんどありませんでした。その期間、私を癒して支えてくれたのが、運命の出会いともいえる猫のチャコちゃんでした。チャコのおかげで、ようやく立ち直って現在の自分があるのです。

チャコとの不思議な出会い

チャコと出会ったのは、今思い返しても本当に不思議な数奇な出会いでした。自宅療養をしていた平成一三年（二〇〇一年）春のこと。その当時、私の母が勤めていた職場の病院には、野良猫たちがたくさんいました。その野良猫たちに対して、周りの人たちは文句を言うだけで何もしてくれないどころか、一斉に恐ろしい駆除を始めたのです。

当時、野良猫たちに御飯を与えて手なずけて、一匹でも捕まえて飼おうと、私も行って何度も試みていました。しかし、人を警戒している野良猫たちは、なかなか捕まりません。格闘している間に、週末ごとにどんどん野良猫たちの数が減っていきました。

悲しいことに、最後にはすべての野良猫が誰かに毒殺されてしまったのです。仕事が休みの日に職場に誰もいないのをいいことに、近所の誰かがキャットフードに毒を入れたのだと思います。

毒殺される前に死んだ猫たちも、悲惨な運命をたどっていました。子どもに面白半分に追いかけられ一目散で走って逃げて、みんなの目の前で車に跳ねられて即死した猫もいました。これはチャコのお母さんでした。他にも、近所の猫嫌いな人が、たびたびバケツの水を飲みにやってくる野良猫が気に入らなくて、そのまま海に投げ捨てたというとんでもない話も聞きました。

どうにかして助けようとするどころか、捕まえて駆除するという無慈悲極まりない周りの悪行に憤りを覚えましたが、言ったところで野良猫を害獣扱いする人とは価値観が違うので、一匹でも犠牲にならないように救い出すしか術はありませんでした。

一体、彼らの何が悪いというのでしょうか。誰かが助けないと生きられないのは見てわかるはずです。どうにかして救い出すのが先決なのに、邪魔だから駆除するなんて、考えが短絡的すぎる。物言わぬ弱い立場の野良猫だからって何をしても構わないのでしょうか。そんなことは決してありません。命を無下にする人たちには、因果応報でかならず自分の身に返ってきます。

時々、人間の身勝手な行動のせいで亡くなっていった無念の野良猫たちの悲しい想念が来ることがあります。

「せっかくこの世に生を受けて生まれてきたのに、普通に幸せに生きたかった」と。動物たちは言葉を話すことができません。身勝手な人の手によって命を奪われても、文句も言えず、無言で運命を受け止めるしかないのです。当たり前のことですが、人間をはじめすべての動物たちには〝心〟があって〝魂〟を持ちあわせています。人間に裏切られた動物たちの魂は、物も言わず静かにあの世に戻ります。動物は言葉が話せず意思が伝わりにくい分、社会的に弱い立場の存在であると言えます。愚かな人間の心理として、いじめの攻撃は弱い方へ弱い方へと向けられていくものです。

弱い立場の野良猫たちは隅に追いやられてしまって、どうやって生きていけばいいのでしょうか。人間の勝手な都合で犠牲になってしまった、物が言えない猫たちが世の中にはたくさん存在しています。

人間を含む動物たちもみんな、幸せになるために生まれてきたのです。私たち人間と同じく〝心〟を持っている動物たちにももちろん感情があって、喜怒哀楽があることを決して忘れてはいけません。彼らも、みんな幸せになりたいと生まれてきて、幸せになることを心から望んで生きているのです。

チャコは、皆が毒殺される直前に私の母が危機一髪で捕まえてきた、最後の一匹でした。まさに強運の奇蹟の猫だったのです。まだ生まれて一カ月も経っていないであろう、あまりに小さすぎる子猫でした。お母さんが交通事故でいなくなってしまったため、一匹で隠れるようにいて、母が見つけたらすぐに自わから母の前に飛び出て救いを求めてきたそうです。この誰の目にも止まらない小さな薄汚れた生き物は、自ら助けを求めて、大きな声で泣いて「生きたい」と訴えたのです。その行動によって、命をつなぎとめることができました。

こうして、チャコは我が家の一員になったというわけです。はじめはろくなものも食べていないせいか、とても痩せていて、猫風邪で顔がただれてぐちゃぐちゃでした。特に眼の炎症がひどくて、点眼治療が始まりました。

我が家に来て一週間、よく食べてみるみるうちに元気になって、眼のただれも治ってきました。チャコの顔をよく見ますと、これまで飼った猫たちの中でも、飛びぬけて器量良しでした。とくに、顔いっぱいの大きな美しい眼は、全てを見据えているようなただものではない崇高な感じでした。

〝チャコ〟という名前は、決めるというよりも、なぜか上から舞い降りてきて自然についていたという感じでした。今思うと〝チャコ〟という名前は、我が家に来る前からすでに決まっていたのだと思います。

なぜなら〝チャコ〟は神様が授けてくれた猫だからです。チャコは、私が一番大変なときに支えるという使命を持ってやって来てくれた、神様が授けてくれた猫だったということ――。それはチャコが亡くなってから明確にわかってきたことでした。


当時我が家には、チャコがくる前から飼っていた、こげ茶色のプードルの〝プリン〟こと〝プーちゃん〟がいました。プーちゃんとの出会いは、平成一〇年（二〇〇〇年）六月。そのとき一歳でしたが、生まれつきのひどいアレルギーで、病院で治療ばかりしていました。一年間生きられるかどうかわからないけれど、ちょっとでも家庭に入って幸せを味わうことができたら、という理由で獣医さんから里親として引き取り、一六年半。プーちゃんは一七歳半になるまで生きることができました。

プーちゃんは、子猫のチャコをとても可愛がってくれました。それからプーちゃんとチャコは、お散歩も寝るときも何もかもいつも一緒でした。チャコが亡くなってしまうまで、大の仲良しでいつも一緒にいました。

チャコはとても器量がよく、モデル猫みたいと言われていました。こうして、チャコはみんなに愛情いっぱいに可愛がられて、スクスクと育っていきました。

チャコと人生のどん底からのやり直し

私は交通事故で自宅療養中、家でただ一人で時間を過ごす毎日で、誰からも相手にされず、役にも立たないボロ雑巾のような存在でした。父も他界し、生きる希望もなく、まさに人生のどん底。そんなとき、不思議なご縁でやってきたのがチャコでした。

可愛いチャコを見ていますと、何となく生きる希望が湧いてきました。チャコはものすごく元気でお茶目なパワフルな猫で、私も元気をもらって前向きになってきました。

そして、私はチャコと一緒に、ある計画をくわだてました。それは、庭と裏の林の〝アジサイ緑地化プロジェクト〟というものです。父の死後、庭の植物が枯れてきたのをそのままにしていました。しかし、リハビリを兼ねて、心機一転、新しい植物をたくさん植えることにしたのです。私も父の血を引いてもともとお花が大好きでしたから、とても楽しい作業でした。

まずは挿し木で簡単に増やすことができるアジサイから植えることにしました。きっかけは、挿し木が趣味の知り合いの方が、植えるところがないからと、珍しいアジサイを数株くださったことに始まります。そのとき、アジサイが挿し木でつくということを知り、それから色々な種類を挿し木で増やしていったのでした。チャコも、お花が大好きでした。チャコは、庭のどこにいてもいつも一緒について来てくれて、挿し木の手伝いもしてくれました。

初夏の頃になると、色とりどりの様々な種類のアジサイが咲いて、多くの方々が我が家へアジサイのお花見にやってこられます。私は色々な園芸の本を読んで知識を蓄え、お花屋さんにもよく行くようになって、色々な種類の植物の種や苗も買うようになりました。レモンの木をその当時に二本植えて、今では毎年たくさんレモンがなっています。レモンの木を植えてから、ものすごい勢いで、バラをはじめハーブなど、たくさんの植物が、庭に増えていったのでした。

そうしているうちに、植物を通して自分自身の心と身体も元気になってくるのがわかりました。植物との交流を通して、植物から癒しのパワーをたくさんもらったのだと実感しています。植物に癒されながら、〝人生のやり直し〟をしていったというわけです。植物の力ってやっぱりすごいと驚くとともに、今も感謝の気持ちでいっぱいです。

植物の癒しのパワーは想像以上に大きいもので、その恩恵は、計り知れないものがあります。

事故に遭ってからずっと自宅療養をして、再起不能とも言われていましたが、植物の癒しの力とチャコやプーちゃんの支えのおかげで、病んだ心も治ってきて、私はみるみるうちに体力を回復していきました。

自宅療養を始めて三年、体調も気力も取り戻して、大学（博士課程）に復帰することができました。それから、チャコとプーちゃん、突然迷い込んできた虎男というキジ猫と一緒に力を合わせて頑張って博士号を取得しました。

学位を取得してから後、平成二〇年から「サイキックカウンセラー優李阿」としてブログを開始しました。当時のブログは、飼っているペットのチャコと仲良くなった野良猫たち、プーちゃん、そして裏の林に住んでいたタヌキ一家が中心で、動物とのたわいもない会話を載せていました。

自宅療養中、リハビリを兼ねて挿し木からチャコと一緒に植えたアジサイなど様々な植物も、だんだん見事な花を咲かせるようになりました。ブログ開始時から撮り続けたチャコの写真は、数え切れないほどです。チャコはお花が大好きでした。たくさんのお花とともに、数えきれない思い出も残っています。チャコは、優李阿ブログの主役でした。

ブログを見た人からよく言われたのは、あの顔の表情は猫ではないということです。女優のように顔を作っているというのです。誰かと話すようなポーズをとってくれたり、あっちを向いてと言えば、あっちを向いて表情を作ってくれたりします。しかも、悲しそうな顔や驚いたような顔、楽しそうな顔をしてくれるだけでなく、持続してポーズを決めてくれていました。

私は、女優猫チャコとある契約をしていました。それは、写真でポーズを決めたその後、大好物のカニ棒か生のお魚をご褒美として与えることでした。モデルの仕事の後、チャコは大喜びでカニ棒や生のお魚を嬉しそうに食べていました。

　私はずっと一人で活動しています。これまでいいこともいっぱいありましたが、大変なこともたくさんあり、また身体や状況が思うようにいかなくて、やむを得ず行動できないこともありました。

　そんなとき、チャコとプーちゃんから
「私たちはいつもあなたの味方なのよ。だから、一緒に頑張って力を合わせて生きていきましょう」

　というような想念がよくきました。

　どんなに辛いことがあっても、どんなに人に裏切られても、チャコとプーちゃんは一緒にいつも見守っていてくれて、いつも私の味方でした。

　チャコは、写真を撮るときには、自らがモデルのように、率先してポーズを決めてくれました。ブログで猫らしくない色々な表情や面白い行動をしてくれたのは、私を助けるため。見ている人を惹きつけて、わざと楽しく見せようとしてくれていたのがありありとわかりました。私を助けようと、猫ではありえないびっくりするようことまで、チャコは何でもやってくれたのです。

チャコは、優李阿の応援団長であり、マネージャーのような存在でした。チャコが支えていてくれていたからこそ、希望を持って、今度こそ大丈夫、今度こそという気持ちでこれまでずっと頑張ってやってこられたのです。

虹の橋のたもとで助けてくれた虎男

博士号を取得し、『猫たちの恩返し』という本を出版した後すぐ、平成二二年（二〇一〇年）の秋に脳梗塞で突然に倒れてしまうという想像を絶する事態に陥ってしまいます。脳梗塞で繰り返し起こった発作によって、右腕が完全に麻痺して動かなくなって、右目まで見えなくなってしまい、今までに経験したことがないくらい耐え難い辛いどん底に落とされてしまったのです。

私は何をするにも、右手を使わないとできません。物を持つことはもちろん、字を書くことも、パソコンを打つことも、食事をすることにも、全て右手を使います。右手が使えないということは、実際本当に不自由で、たくさんのことを諦めなくてはいけないのだ、とそのとき痛感しました。

普通のことが当たり前にできるということが、いかにありがたく幸せなのかということに、失ってみて初めて気づきました。身体の自由が利かないということを実際に経験してみて、理屈ではなく、幸せの意味がようやくわかったのです。

もともと、精神的にはかなり強く、タフであり、それまでどんなに病気をしても事故にあっても、前向きに希望を持ち続けて、どうにかして苦難を乗り越えていました。でも、そのときの右腕の完全麻痺だけは、完全に希望もなく、どうしようもならないくらい落ち込んでしまったのです。

しかし、信じられないような出来事が起こります。入院中のある日、頭がとても痛くなって、気分が悪くなり意識がなくなって寝ていたときに、一生忘れることのない不思議な体験をしたのです。

私はなぜか景色が変わって七色の虹がかかった吊り橋の上に立っていました。その景色は、見たこともないような素晴らしい絶景でした。私は、いわゆるあの世とこの世の境目の〝虹の橋のたもと〟にいたのです。そのとき、自分はもう亡くなって天国にいるのかと思いました。

遠くを見ると、〝虹の橋〟の向こうから、焦げ茶色のサバトラの猫が猛烈な勢いで走ってくるのが見えました。その猫の走り方は、足を引きずるような形で、それでも精一杯走ってこちらに向かってきます。

そのとき、この猫は、腰の悪かった虎男であるとすぐに気が付きました。虎男は博士号取得のときに突然どこからともなくやってきた心優しい猫で、ずっと一緒に頑張ってくれて、取得する直前に急に亡くなってしまった猫でした。

「虎ちゃん‼」と大声で叫んだその瞬間、虎男は力を振り絞って、猛烈な勢いで思いっきり体当たりで私に飛びついてきました。そのとき、「こっちへくるな！」という虎男の想念が伝わってきました。そして、私は〝虹の橋〟上から、真っ逆さまに突き落とされてしまったのです。

ハッと目を覚ますと、この世に戻っていて、病院のベッドにいました。外から朝日がまぶしく照りつけて、眩い光が立ち込めていました。

起きてから、何気なく顔を洗い、普通に歯を磨いていました。そのとき、エッ⁉と我に返ってびっくりしました。なぜなら、右手で普通に歯を磨いていたからです。

この不思議な体験は、絶対に一生忘れることができません。この日を境に、突然右腕が再び動くようになったからです。失明寸前の右目も、これまでどおりに見えるようになっていました。失意のどん底にいた飼い主が不憫に思えたのでしょうか。虎男は、天国との境目の〝虹の橋のたもと〟に、私を助けに駆けつけてくれたのです。これは常識では絶対に考えられないことであり、奇蹟以外の何ものでもありません。今ではこれまで通り、普通のことが何不自由なくできるということに、言い尽くせない幸せを感じ、心より感謝しています。

応援団長チャコの突然の病と死

私は二〇一〇年秋に脳梗塞で二回倒れて、入院して治療をしましたが、虎男の不思議な出来事があって後遺症もなく治りました。しかし、今度は脳梗塞の身体的なダメージで持病が悪化していき、三九℃以上の高熱が出てくるようになってしまったのです。外来で強い薬の点滴をしながら、気力でなんとか無理やりに抑えて乗り越えていました。

当時飼っていたチャコとプーちゃんをはじめ、他にも猫たちやタヌキ一家とアオサギなどが、いつも一緒にいてくれました。みんな私を守ってくれる応援団です。私はいつも動物たちに囲まれて、桃太郎みたいね、とよく言われていました。

その中でも特に、チャコはいつも支えてくれていましたので、〝応援団長チャコ〟として、ブログにもその様子をよく載せていました。

それからちょうど一年後の二〇一一年九月末のことです。応援団長チャコの体調がある日突然悪くなってきました。私の闘病中に回復を願って、ずっと寄り添い見守りつづけていてくれていたチャコに、何だかわからない病魔が襲ってきたのです。

今まで病気ひとつしたことのない、いつも元気な丈夫な猫でしたので、最初は夏バテだろうくらいにしか思っていませんでした。

近所の動物病院に行くと、気管支炎という診断で、注射や点滴の治療をしてもらっていましたが、そのときはすぐに治ると安易に考えていました。獣医さんに行くときには、仲良しのプーちゃんがいつも付いて来て、チャコを励ましていました。

今度は、私がチャコを支えなくてはいけない。チャコが死ぬわけがない。いや死なせてなるものか。私は、チャコが助かるように、あらゆる手を施してくださるように獣医さんに頼みました。後悔のないように最高の治療をしてもらったつもりでした。

それから一〇月になり、治療開始から一週間が過ぎた頃、チャコの具合が坂道を転げ落ちていくように悪くなっていきました。全く動くこともなく、何も食べず、ほとんど寝たきり状態になってしまったのです。これではいけないと思い、絶対治ると信じて、今度はほとんど毎日動物病院に通って、注射や点滴をして徹底的に治療してもらうことにしました。


毎日、ステロイドと抗生物質の注射とビタミンなど栄養と水分補給の点滴の徹底した治療が続きます。注射はけっこう痛かったはずですが、だんだん弱ってきて意識も朦朧として、感覚があまりなくなってしまっているように見えました。このとき、がむしゃらにチャコを治すことしか頭になく、他に何も考えていなかった私は、一瞬あることが脳裏に浮かびました。

それは、もしかしてチャコが、私の業を背負っているのではないか……ということです。なぜなら、気付いたら使っている薬が高熱続きのときの、自分の治療とほとんどいっしょだったからです。ビタミンが入っている栄養点滴、ステロイドの大量投与、何もかも同じ。私はまだまだ薬漬けの状態でしたが、集中治療によるその薬の点滴のおかげで、良くはありませんが、何とか体調を保っていました。

チャコは、ほんの二週間くらい前まで病気一つしない元気な猫だったのに。今まで色々な修羅場があって、数々の猫たちに助けられてきました。でもチャコは本当に特別で、この世でずっと生きて一緒にいなければ、この先、私も生きていく自信がもてないくらいでした。

チャコとは、頭蓋骨折して自宅療養したときも、脳梗塞のときも、約一〇年間ずっと一緒に頑張ってきました。何があっても必ず支えて立ち直らせてくれた大事な猫なのですから。絶対治ると自分に言い聞かせて、それから一週間、毎日点滴と注射を打ちに、病院に通い続けました。

ある日、治療が済むと、

「こんな小さい身体でよく頑張ったね」

と母はチャコに涙ながらに声をかけていました。

プーちゃんも毎日付き添いでやってきて、横でジッと見守っていました。

あるとき、プーちゃんは、チャコが心配になって、覗き込みました。

「チャコ、大丈夫？　よく頑張ったね」

「プーちゃんはいつもとっても優しいね。ずっと仲良くしてくれてありがとう」

「なんで急にそんなこと言うのよ」

そのとき、プーちゃんも私も一瞬びっくりしました。チャコから、とても悲しいお別れの想念が突然やって来たからです。

もしかすると、チャコの命は本当に、もう時間の問題なのかもしれない。約二週間前までは、獣医さんからもとても丈夫な猫と言われるくらい病院にもかかったことがなかったのに。急にこんなことになるなんて。

そして、獣医さんが、チャコの顔を綿花で丁寧に拭きはじめました。いつもよりもなぜかとても丁寧に。もしかして、これは亡くなるための準備なの？　そんな不吉なことばかり頭によぎります。

私はチャコに必死に呼びかけました。

「チャコ、お願いだから私を置いて死なないで。応援団長は一体どうなるのよ。ちょっと前まで、あんなに元気だったのになんでこんなことになるの」

顔を拭き終えるとチャコは、なぜだかとっても満足そうな顔をして、こう言いました。

「ずっと可愛がってくれてありがとう。とっても楽しかったわ」

それから、チャコは私の顔をじっと見つめて、一生忘れられないことを言いました。

「もういいのよ。私はもうすぐいなくなる。代わりにあの世にすべてを持っていってあげる。これから元気になって精一杯頑張ってやりたいことやって生きていくのよ」

「チャコ、そんなこと悲しいこと言わないで。お願いだから生きていて、私の傍にいてちょうだいよ！　お願いよ!!」

私は思いっきりチャコに、想念でそう伝えました。

しかし、その願いは叶わず、それからすぐにチャコは永眠しました。二〇一一年一〇月一七日、夜一一時ごろのことでした。

チャコちゃんが、自らの命を差し出して身代わりに亡くなってしまった。

それは私にとって最高に忘れられないショックな出来事になってしまいました。私はその現実をどうしても受け止めることができませんでした。

このように、自分の命を差し出すことまでも厭わず飼い主を守ろうとしたり、亡くなったとしても霊界から助けにやってきたりするという、いわゆる〝恩返し〟をする動物たちが、実際にたくさんいるのです。

自分の命を投げ打ってまでして、飼い主の身代わりになるということは、現実によくあることなのです。自分の命をも顧みず体当たりで飼い主を助けにやってくるという、動物たちの飼い主への忠誠を誓ったその行動は、常識では考えられないような、想像を絶する力強いものがあります。

社会の中で最も弱い立場にある動物たちが、自分の命を投げ出してまで体当たりで飼い主を助けにやってくる。そんな自分の命をも顧みない動物たちの飼い主への忠義の心と正義感をもった真っ直ぐな姿勢は、どんな人の心も奮い立たせて揺さぶるものがあります。

悲しい亡くなり方をしたとしても、愛情をもって可愛がったとすれば、必ずペットたちはその気持ちに応えてくれているものなのです。

亡くなって目には見えなくても、時空は関係なく、愛は永遠であり、心の絆は決して消えることはありません。

命と引き換えに・死神との契約

『愛猫チャコの遺言』（ＫＫロングセラーズ）に詳しい闘病記は書いていますが、本当の地獄は、脳梗塞以降の二〇一一年秋にチャコが亡くなってからが本番でした。それから、四〇℃以上の高熱続きでうなされる毎日。二〇一三年から二〇一五年にかけての三年間はずっと重篤な状態で入退院を繰り返し、半分以上は入院して耐えがたいほどの辛い日々を送ることを余儀なくされます。

入院中、治療しても蟻地獄のように次々と押し寄せる病にずっと苦しめられる日々。持病の悪化のため高熱がずっと続き、体中炎症で火傷みたいに体中がただれパンパンに腫れて、目も開かない状態でした。

耐えきれないほどの痛みと苦しみでほとんど動けず、動けたら飛び下りて死んでやると思うくらいの想像を絶するもの。痛い痛いと訴えても、誰にもどうしようもできず、耐えられないくらいの痛みと高熱で打ちのめされて、もう何も期待することもなく、心はすでに死んでいるも同然でした。

主な治療はステロイドなどの消炎剤や免疫抑制剤、強い抗生物質など劇薬の大量投与。衰えを知らない大火事を、大量の消火器を使い、猛攻撃で火を抑えるような感じですが、なかなか鎮火せず、一日中続く点滴をして点滴台につながれたままの状態が三年も続きます。

それでもなかなか炎症が抑えられず、免疫力がほとんどないために今度は強烈な副作用――肺炎、大腸潰瘍、帯状疱疹、腰の膿瘍、腰骨の骨折、極度の貧血など次々やってきました。

今振り返ってみると、闘病生活は本当に地獄でした。

脳梗塞の後、持病が悪化して毎日四〇℃前後の高熱でうなされて、体中炎症で火傷のように爛《ただ》れて、何度もステロイドパルスなどの強い薬の集中治療の日々。身体はもうボロボロでよく生きているという感じでした。

私は特定疾患の難病で重症度は一番上です。未だに治ってはおらず、薬を沢山飲んでどうにか気力で保って生きています。

医者はもちろん、あらゆる占い師も私が死ぬと断言。誰がみても生きているほうが不思議なくらい極めて危険な状態が続いていました。親族はもちろん、年老いた親も兄弟姉妹からも、長すぎる闘病生活で心配以前に全く見放されて、一人で病魔と闘い天涯孤独のようなもの。去る者は日日に疎しで私は孤独の絶頂にいましたが、人に期待をしていなかったのでもうそんなことはどうでもいいことでした。その間に、ずっと一緒に頑張ってきたプーちゃんも亡くなってしまい、生きる気力もさらになくなってきました。

そんなあきらめの境地で、入院中ほとんど寝たきりでいましたら、あることに気付きます。

足元のベッドの患者さんが、不思議とよく亡くなられましたが、そのちょっと前にはいつも同じ人がいるのです。黒い服を着たおじさんがいつもいるのです。

その後、「黒いおじさん」と勝手に命名していたおじさんの正体がわかるときがやってきました。

それは、四〇℃以上の高熱が続いてうなされたときのこと。体中が火傷みたいなケロイドになっていて、耐えられないほどの痛いし苦しい状態。髪の毛もほとんど抜けて、これまでにないくらい衰弱していました。

ステロイドや抗生物質などの消炎剤の点滴を恐ろしいほどしても、一向に熱が下がる気配もない。体力もどんどんなくなって起きることすら難しくほぼ寝たきりで、病室の窓ガラスで自分の顔をみても死相を感じるくらいでした。

そんな状況のとき、その黒いおじさんは、ある日とうとう私の所にやってきたのです。

「あなたは誰ですか」

そう聞いてみたら
「死神だ」

そう答えました。

やっぱり思った通り死神でした。死神さんとの出会いは中学二年生のとき以来でした。

「では、私は死期が近いんですね。こんな痛くて苦しいのが続くなら生きていてもしょうがないから、どうぞ連れて行ってください」

またしても、やけくそにそう言いましたら、死神さんは首を横に振り、今度はこう答えました。

「ずっと犬と猫が邪魔をしてくるから無理だ」と。

私は、すぐに亡くなったチャコとプーちゃんだとわかりました。二匹は私の守護霊となって守ってくれていたかのようでした。愛情を込めて共に生きた犬猫が亡くなると、飼い主の守護霊になると言われています。亡くなってもずっと側に居て、危険や不幸から飼い主を守ってくれていることがあります。

私を助けるために、あの世に行っても駆けつけて、体当たりで死神の邪魔をして追っ払っていてくれていたのです。死神も圧倒されて降参するくらいの力でした。それも全て愛の力。私は二匹の無謀ともいえる体当たりの恩返しに圧倒されました。

何度も生死をさまよって生きていること自体があり得ないのに、心はすでに死んでいたにせよ、それでもまだ奇蹟的に生きている。ただそれは、寿命ではなく生かされているということに他ならない。

だれにも見えない死神がはっきりと見えるというのは、死神に魂を売ったようなものでした。なぜなら、私は人の生死がはっきりとわかるようになっていたから。だから、亡くなる前に死神も見えるようになったということに他ならないのです。

何度もあの世に行きかけては戻ることを繰り返すうちに、ある意味、気付いたら自分が普通の人間ではなくなっていることに気付きました。

最後に、死神は、私に向かってこう言って消えました。

「寿命はとっくに終わっているおまけの人生。生きている間に人の命の生死がわかったときにどうするかは自分の自由だ。好きなように生きられるだけ生きればいい」

それは、生かしてもらえた私と死神との契約と言ってもいいでしょう。人が亡くなるとわかった際に、私がどう出るのかが自由と言っているのだとすぐに理解しました。

もちろん人だけでなく、犬や猫など命あるもの全てに言えます。人生をロウソクの火とすると、そのまま置いていたら消えてしまうのをそのまま見ようが、火が消えないようにどうにかしようとするのも自由、ということが言いたいことは直ぐにわかりました。人の生死は基本的には言ってはいけないし、わかっても言うつもりもありません。

もちろん寿命というものはあって、運命には逆らえないのかもしれない。でもプーちゃんみたいに、一歳で亡くなるはずだったのに、人の手によって一七歳半まで生きることができたという事実も経験して、どうにかしたら救える命もあるということも時と場合にはあり得ることも知りました。

死神が、私を生かしてくれる代わりに、恐ろしい選択を余儀なくさせる人生を送らざるを得なくしてしまったことを、後に思い知らされることになるのです。

二〇一五年の夏、私は死神との契約と大きな修行を終えて、いよいよ退院することができました。それからずっと治療は続いていますが、現在はなんとか入院することもなく良い状態を保っています。退院してからが私の本当の人生の始まりだったと言えます。

生きていたら、体調がよくなったら実行しようと心の中に企てていたことを、自由な身分になってようやく実行することができるようになったのです。

第４章

亡くなった猫たちからのメッセージ

走馬灯

人生をロウソクに例えるなら、人生とは一本しかないロウソク。
ロウソクの火は人の心、ロウと芯は人間の肉体。
人生とは一本のロウソクが燃え尽きるようなもの。

どんなに生まれた環境が恵まれていたとしても
どんなに財産・学歴・社会的な地位があろうと
どんなに容姿端麗であろうと　どんなに家柄がよかろうと
神は　すべての人の人生に一本のロウソクしか　与えてくれないのです。

寿命の違いがあるように　ロウソクに長い、短いはあるけれど
人生のロウソクは燃え尽きたら消えて終わってしまう。

一本しかないロウソクだけれど、その一本が燃え尽きるまでに
燃え方のいかなる過程も、どのようにも変えられて、その燃え方にその生き様が反映する。

時間とともにロウソクが減っていくのはどうしようもないけれど
どこを照らすかはその人の自由
人それぞれの生き方をどうするか、どう全うするかはその人の生き様です。
大病や思いがけない災難にあったとしても、それは気づきのきっかけであって、これまでを振り返り、目覚め、悟りを開くことで、リセットされて人生が好転することは多い。
苦難は今までを振り返って、これからの生き方を考えるきっかけを与えてくれるかもしれない。

皆平等に一度しかない人生で、生まれ持った環境・容姿・才能
どんなロウソクが与えられたとしても

燃え尽きるまでは頑張って生きていくしかない。

一本が燃え尽きるまでに、次々に周りのロウソクに灯を点けることもできる。

自分のロウソクが燃え尽きてもあなたが灯したロウソクはこの世に確かに灯されている。


先祖なければ我等なし。

この私のロウソクの灯も誰かが点けてくれたものだから。


人生をロウソクに例えるとロウソクの火を灯すのが親であって、それから光を放っていくのが自分自身。意気消沈して小さい炎になったり、風に揺れることもあったり、炎が強く立ち上がることもある。それが感情というもの。


問題は消えるとき。

誰かに吹き消される炎（殺人や自殺）もあれば、力尽きて消える炎（病気や事故）

もある。

そして最後まで天寿を全うして燃え尽きる炎もある。

力強く最後まで燃え尽きる、完全燃焼することが一生涯の生き方の理想。

一本しかないロウソクだけど一度しかない人生だから。

今日を一生の最後の日と思い、心を明るくするようにして、自分のロウソクに明るく火を灯そう。


自分自身の小さな火でも、世の中を明るくする可能性を秘めています。

風が吹いて、消えかけているロウソクがあれば、自分の火を使い、再び火を明るく灯すこともできる。輝ける光が次々生まれると、この世はさらに明るくなってきます。

自分の火を、他の場面で活用していくことで、世の中を明るくできるはず。

あなたの一本のロウソクの火で、消えかかった火を助けたり、新しい火をともしたりすれば、周りにそれが飛び火して灯っていき、世の中はどんどん明るくなります。

そして、その光はあなたを囲み、幸せに包まれてくるでしょう。

一つの小さな火でも、世の中を明るくできる、大きな可能性を秘めています。たった一度の人生でも、社会を大きく変える力がある。途中で火が途絶えないように、命は燃やしていくもの。あなたのロウソクの灯で、消えかけた灯を灯してあげて救える命があります。その命の灯によって、あなたも大きな光に包まれた幸せに満たされるでしょう。

人の一生は走馬灯のようなもの。どうせなら、有意義な人生を送って、明るいロウソクの炎をずっと灯し続けて、最後を振り返るとき、幸せな走馬灯で終わりにしたいものです。

小説などで、死の前の描写に「人生が走馬灯のように浮かぶ」というたとえがよく使われます。死の間際に、これまでの人生のさまざまな思い出が映像として見える体験は、よく聞く話であり、日本では〝走馬灯〟と呼ばれてきました。

死ぬ間際の人生の重要な瞬間のプレイバック、人生が走馬灯のように駆け巡るというのが本当だったら、なぜ、そういうことが起こるのでしょうか。人間が生命のピンチを迎えたとき、過去の経験からそのピンチを乗り切る方法がないか、脳が必死に探している状態だとも言われています。

迫る死を目の前にしてさらに言えば、今我々がこうしている風景も、死ぬ間際の自分が振り返っている記憶を忠実に再現しながら見ているのだとしたら、自分の運命は決まっていることになるのかもしれません。


昔、入院中に知り合った同じ病気の子がいました。

私よりも一〇歳は若かったけれど、ある日突然、意識不明の重体になったのです。医者はかなり深刻な状態とみなし、家族もみな彼女の〝死〟を覚悟しました。ところが、二〜三週間くらい意識不明の重体が続いたのち、なんと奇跡的に意識を回復したのです。

奇跡的に九死に一生を得た彼女は、私にこう語りました。

「死ぬ前に人生が走馬灯のように駆け巡るって話……あれは本当よ」と……。

そして、三途の川は本当にあることも。

「広くて浅い川の向こうで、たくさんの人がこっちへこいと叫んでいたの。でも足が重くなって行けなかった。幽体離脱もしたわ。自分が寝ている間に、病室の上から人が入ってくるのが見えたの。知っている人がきて、私がもう死ぬんだと言ったの」

一生懸命、自分の体験を私に語ってくれたことが印象的でした。

しかし、私が退院してから数週間後、彼女は本当に三途の川を渡って亡くなってしまいました……。

言うまでもなく無念だったでしょう。若いときから病気ばかりで、学校もろくに行けず、普通のことが何もできなかったのです。私と同じように彼女の心の支えは猫でした。いつも自分の猫のことばかり言っていて、帰って飼い猫に会いたいとそればかり。そんな小さな願いも最後は叶ったのでしょうか。

亡くなったと言われた日時に、「またね」って、彼女がお別れに来てくれた気配がしました。


私も人生の大半が病気ばかりだけど、今は家で普通に暮らしています。それだけでいかに幸せか……。私は色々な人を見てきて人一倍わかっているつもりです。つまらないことに愚痴ばかり文句ばかり言っている人は、何が大事なのか知らないまま死んでしまうのでしょう。それもある意味かなりの不幸だと思います。

誰もが死の直前に、自分の人生のすべてを走馬灯のように駆け巡るということは私の体験によると真実です。

たとえば、自動車に跳ね上げられて、道路に落ちるまでの数秒間に「人生の走馬灯」で人生の全てを思い返すもの。息を引き取る瞬間の、最後の息を吐く瞬間に思い出す。

そのような話を、心肺停止から蘇生した人が語っています。ほんの数秒間に全てが駆け巡るのです。

入院中にいやというほど、そんな体験を聞いてきました。私は、これまで何度も何度も生死をさまよっていますが、〝人生の走馬灯〟の体験はまだありませんので、まだ寿命ではないのでしょう。

自分が長いと感じている人生も、もしかすると数秒間ですべてが再生されるようなことに過ぎず、人生はロウソクの灯がともって、消えるようなものかもしれません。この世のどんな出来事も、宇宙規模から見れば、ほんの一瞬のことに過ぎないのかもしれません。

死ぬ瞬間ではなくても、病床で意識がまだあるうちにゆっくりと人生を思い返せる人は、幸福な人生だったのかもしれません。そのときに、「反省」と「感謝」の思いを自分が持つことができると、きっと天国行きは間違いないのではと思います。

これまでの闘病生活で人生の最期を迎える人をたくさん見てきました。この世でやれることは全てやってしまうべきです。生きているときに完全燃焼してこそあの世につながる。

現世で得たお金、不動産、貴金属、私物などは、死んでもあの世へは持っていけません。人間は生まれて来るときは裸、死ぬときも裸です。死ねば、この世で手にしたものは、何一つあの世へは持っていけないのです。

あの世での死者にとっては、富も名声も関係なくなってしまうとしたら、何が残るでしょう。自分が死んだら、あの世に持っていけるものはただ一つ、自分の魂（心）です。生前に行ってきた善や悪の行い、この世での経験のみです。つまり、生きていたときの「徳」なのです。この「徳」だけは、あの世に持っていくことができます。

この世（現世）はあくまでも、修行の場です。いかに現世で徳を積むかが、死を迎えるときまでの課題になります。あの世に帰るのにも、この世での生き様次第で、以前いたあの世と同じ世界に帰れるわけではありません。

この世に生まれるということは、過去世の修行の続きをするためと、罪の償いのためと、新たな徳を積むためです。この世で人間として生きた一生の生き様が、魂の値打ちとして神に評価されるのです。

人間は死んだら、肉体は滅んで終りですが、自分の魂は肉体より離れ、あの世（霊界）で生き続けるのです。この世での人生を自分の修行ととらえ、色々な困難を克服して自分を高めましょう。正しい行いと、良い行いをして徳を積んで心（魂）を美しくしましょう。

人は生きていれば、どんなに小さくても悪の心は持ち合わせてしまう生き物だと思いますので、実際には難しいものです。だからこそ、やってしまった悪事より、大きな善事を心がけることが大事です。あの世に持って行けるカバンの中に、善行をできるだけ詰めて生きていきたいものです。

チャコのお別れのメッセージ

走馬灯というと、決して忘れられないできごとがあります。それは、心に突き刺さるような、チャコの突然の死の瞬間のことです。

二〇一一年一〇月一七日夜、チャコは永眠いたしました。

最後は眠るような感じで、命を吸い取られるように静かに亡くなりました。

チャコが亡くなる日の朝、命はもう時間の問題だと確信しました。数分おきに、声をかけて、生きているかどうかを確かめていました。ちょっとでも動いてくれたら、まだ生きていると思って、嬉しくて……。あなたが生きている、一緒にいることができる最後の夜。今、この瞬間が最も大事なのだと思っていました。

でももう、時間の問題なのは明らかでした。何かチャコの身を守るものとして持たせなければ。そう思い、七色の虹色のパワーストーンのブレスレットを作って、数珠の代わりに腕につけたのです。チャコはパワーストーンが大好きでしたから。少し苦しんでいましたが、虹色のパワーストーンのブレスレットを着けた瞬間から、呼吸が楽になったのがわかりました。

しかしその矢先、亡くなってしまう直前に、知り合いの人から、どうでもいい電話が入ってしまったのです。頭にきましたが、少し話していますと、チャコからメッセージが伝わってきました。

「あなたがここにいない間に、ワタシは逝くわ。悲しまないようにね」

そんなメッセージがきて、いってもたってもいられず、すぐに電話を切って、チャコのところに走っていきました。

チャコはもう死んでいるように見えました。

「間に合わなかった……」そう思った瞬間です。チャコがムクッと起き上がって、こっちをジッと見て最後の力を振り絞って、すでに焦点の合っていない目をカッと見開いたのです。

私を凝視するチャコの眼――。

小さな命が閉じようとするその瞬間の、仏さまのような尊い眼。

それは、小さな尊い命が終わる瞬間の最後のまなざしでした。

そのときの出来事は、私の心に焼き付いて一生忘れることはありません。

そのまなざしで私を真っ直ぐに見つめながら、心に直接突き刺すように、

「可愛がってくれてありがとう」

と言ってくれたのです。

身体にはもう力がなく、いくら名前を呼んでも反応せず昏睡状態だったのに。

「ありがとう」というその言葉は、目で見えるようなものでなく、耳に聞こえるものでもなく、直接心へ突き刺さるように伝わる不思議なメッセージでした。

そして、亡くなる最期の瞬間は上から光のような筋が降りてきて、一気に命を取られてしまいました。その瞬間、七色のパワーストーンの石の一粒一粒が、いっせいにまばゆいばかりに光りだしたのです。よく頑張ったといわんばかりに、見事に。精一杯生き抜いたチャコを祝福しているかのようでした。

そのとき、チャコが亡くなるときの想念がやってきました。それは、ロウソクに火がついて燃え尽きて消えるまでの、チャコの一生の走馬灯のような、出会いから別れまでのストーリーでした。

死ぬときは「追憶」。そんな言葉が頭をよぎりました。

小さな天使が突然、我が家にやってきて、たちまち我が家のアイドルに。

皆があなたに夢中で、大好きだった。

外に出ると必ずついて来て、ポーズを決めて写真を撮っていたこと。家に帰ったら走ってどこからともなく嬉しそうに走ってやって来る姿。大好きなお魚を大喜びで食べるときの表情。大好きだった木登り。毎日のプーちゃんとのお散歩。お日様を浴びて後光のような不思議な光を浴びていたこと。

そんないつも一緒にいて、精一杯生きて生き抜いたこれまでのことを、走馬灯のように追憶しながら、ロウソクの火が燃え尽きるようにスッと亡くなっていきました。

最後は、とても楽に穏やかに安らかに、眠るように亡くなりました。穏やかな顔だけが救いとなっています。チャコの亡くなった表情は、精一杯生き抜いた安堵の安らかな仏さまのような表情でした。その眼には大粒の涙が浮かんでいました。当たり前ですが、まだ生きていたかったのだと思います。


チャコが死んだ――。

まだ生きているような気がする。名前を呼んだら起きてきそうなのに。

今はあなたにどんな言葉をかけたらいいのかよくわからない。

ただもう苦しまなくてよかった。本当にごめんなさい。

あなたは本当の天使になってしまった。

私の目から一筋の涙が流れ落ちました。

ともに頑張ってきた戦友の急な死が私に受け入れられるはずはなく、何が何だか理解できず、魂が抜けたように途方にくれて、失意のどん底に落ちてしまいました。


チャコと出会ってから別れが訪れるまでの短い時間を、出会った瞬間からまるでわかっていたかのように、一生懸命に生きて生き抜いて、一〇年という月日が過ぎたある秋の日に、天国へ駆け抜けていった。こんなにも早くこんなかたちで終わりが訪れるなんて……。

運命の猫と呼べる最愛の猫との永遠のお別れの瞬間でした。


神さまが授けてくれた大切な贈り物だったチャコ。

運命共同体とも呼べる最愛の猫とのお別れ。

こんなにお別れが悲しくて辛くてしょうがない。

そんな相棒に出会えたことは、もしかしたらとっても幸せなことなのかもしれない。

私はそう自分に言い聞かせるしかありませんでした。

亡くなっても魂は永遠

ずっと私は孤独だった。

ほとんどの人が、長患いの中、かかわりたくないと言って邪険になり、社会的地位も何ない私を見捨てて逃げた。夢も希望もない人生の最悪などん底。

でも私には、絶対的な唯一の永遠の親友がいた。

それは、チャコという名の三毛猫。

たった一匹だけ殺されることなく命拾いした強運の小さな子猫と、ボロぞうきんのような何の役にも立たない不甲斐ない飼い主との不思議な出会い。

数奇な縁を感じ、一目見て意気投合しました。

その猫はある日突然やってきて、ともに力を合わせて生きて、一〇年たったある日、私のもとから突然に去っていなくなってしまった。

苦しいときも悲しいときも、ともに一緒に時を過ごした親友の別れほど辛いものはない。

でも亡くなってしまってからも、生きているときと同じように、その親友は病床に駆けつけて、励まし助け続けてくれた。


誰からも裏切られても見放されても、親友はいつもそばに寄り添って、どんなことがあっても勇気づけて無償の愛で支えていてくれた。

つらい闘病生活もともに戦ってくれて、親友であり戦友でもあった。

そして、何があっても私の見方で応援してくれる、応援団長だった。

「あなたのことは私が守る。それは亡くなっても同じこと。どんな悪いことが起こっても全て私が追っ払ってやるわ」

そう言って、何かが起こったらいつも走って、あの世からも駆けつけて助けてくれた。

亡くなってしまっても魂は永遠であって、愛は死によって破壊されない。

チャコは本当に大切なことを体当たりで教えてくれました。

眼には見えないけれど、とても大事なことを。

チャコを授けてくれた神に、心より感謝の気持ちでいっぱいです。

私はチャコにこう伝えました。

「チャコちゃん、ありがとう。何が襲いかかっても、いつも駆けつけて体当たりで助けてくれたね。そして誰もが予想しなかった、奇跡の逆転ホームラン。だから、私は今生きている。あなたの温かで優しいぬくもりを。あふれるほどの思い出を、ずっと忘れない。これからも共に、希望を胸に生きていこう」

皆が口を揃えて、あんなに酷い病気に事故までして、私がよく生きていると言います。そのくらい悲惨な状態が続いても、嵐はようやく去って、今も生きています。

チャコの助けがなければ、次々やって来る人生の修羅場を乗り越えることはできなかったことはいうまでもありません。

心の絆は永遠です。

目を閉じれば楽しかった日の思い出がこみ上げてきます。

ロウソクの灯をともすように、ずっと育ててきた温かなこの思い出は、心の中でずっと光続けて、決して消えることはないでしょう。

どんなときも一緒に語り、助け合って歩いて生きてきた。

あふれるほどのあなたへの思いが込み上げてくる。

何もかも失ってしまったけれど、あなたが支えてくれたからこそ、何があっても希望だけは失うことはなかった。だからこうやってまた人生をやり直すことができる。

一緒に乗り越えていこうと決めたあのときの約束を永遠に忘れはしない。

全てのことを受け止めて生きていきたい。これからもずっと一緒に。


私は一体、チャコにどんな恩返しができるのだろうか。

チャコの遺言通り、病気に負けず、今度こそ精一杯やりたいことをやって生きていくこと。

チャコがしてくれた愛と勇気の体当たりの恩返しを、もう一度この本を通して伝えること。それがきっと、私からチャコへの恩返しにつながると信じています。

人生のどん底をずっと支えてきてくれた、愛猫チャコちゃんに心からの感謝の気持ちを告げる追悼の意を込めて、これからも色々な形で頑張っていきたいと思います。

夢は霊界からのメッセージ

あなたは、亡くなったペットの夢を見たことがありますか?

ここではペットの夢を対象として書きますが、人も大差なく同じだと思います。亡くなったペットの夢が教えてくれている意味は大きく分けて二つになります。

一つ目は「会いたい」という気持ちから、脳が見せているという、霊的でないもの。

夢は脳と深く関係しており、自分の頭の中で「会いたい」という強い思いがあると、その想いが、夢に繋がって出てくることがあります。そういった場合は、霊が見せているとは別の話。そもそも夢にペットが出てくる事例の多くは、霊が引き起こしているものではないパターンも多い。

夢に登場する亡くなったペットは、霊や魂といった存在というよりも、飼い主の無意識からのメッセージを現す場合が多いようです。

二つ目は、亡くなったペットからのメッセージ。睡眠中は最も霊と通じやすいと言われております。「夢」と「霊界」は繋がっており、特にリアルな夢や、なんらかの強い感情が湧き起こるような印象深い夢というのは、霊界からのメッセージであることがあります。

亡くなったペットが「あなたに何かを伝えたい」と夢に出てきてくれたということです。動物は「何か」を伝えたくて、夢で映像を見せてくるもの。目が覚めてもはっきり覚えている。そんな夢のほとんどは、霊が見せる夢だと考えていい。

起きてから、ハッキリ思い出せたり、あまりにもリアルだったりする時は間違いなく私は霊界の記憶だと思います。こうした霊界からのメッセージが含まれている夢のことを「スピリチュアルドリーム」と言います。

夢は霊界への入口です。そのため夢の中ではあの世とこの世の境で、様々な魂の出会いがあります。奇想天外なストーリーや知らない人物、身近な人たちが出てきては、会話したり、何かをしたり、時には怖い思いをしたり、また幸福を感じたりと、まさに心が解き放たれて、自由な思いが反映されている空間でもあります。

朝方やお昼寝に見る夢は基本的に非常に眠りが浅く、実はこれは夢ではなく自分自身の魂の方が霊界に行っているということがよくあります。

たとえば「朝方に亡くなった方の夢を見た」というお話をよく聞きますが、これは、ある程度霊感の強い人の魂が、夢を通して霊界に行っているからこそ、亡くなった方と出会えるのだと自分の経験を通して思います。

ですから皆さんも、夢の中を通して行った霊界で、亡くなったペットに出会える可能性があります。そこで、亡くなってしまったペットの気持ちを自分で直接メッセージとして聞くことができるかもしれません。

亡くなったペットに会えるのも、この夢でこそ。飼い主に先立ったペットたちは、神様の計らいで飼い主の夢の中で再会をさせてもらえることがあります。飼い主側から言えば、亡きペットと、夢の中で面会することができるのです。

あなたの亡くなったペットが、ある日、夢に出てきたら、それは亡き愛猫・愛犬とスピリチュアルワールドで、面会したのかもしれません。

夢は私たちの心の深い層と繋がりがあり、幻想と現実が交錯する不思議な場所です。夢は魂が自由を享受し、高次の存在や亡くなった愛猫と意識のレベルで交流する場だと言われています。

実際に夢の中でペットとの再会を経験することは珍しくなく、夢での再会は、ただの夢と片付けることができないほどリアルで心に残るものなのです。

このスピリチュアルなコミュニケーションは、亡くなったペットとの繋がりを保つ手段として、多くの人にとって大切な役割を果たしています。


また夢は、何か自分に対するヒントであったり、将来のビジョンを見せられ未来の暗示を与えてくれることがよくあります。霊界にいるペットがあなたの元になんらかのメッセージを伝えに来てくれたということには、必ず意味があります。

私たちの魂は、肉体が死を迎えると、身体を離れて天国へ旅立ちます。そこが霊界ですが、死んで霊界へ行ったときに無理がないように、私たちは夢で霊界を訪れて霊界体験をしています。

この三次元の現実世界へ霊界から生まれて来ると、日々の生活で魂が疲れてしまうので、夢によって魂の故郷の霊界へ里帰りをして癒して充電してくるとも言われています。

生まれ変わりの概念と夢との関連は、古来より多くの文化や宗教で語られてきました。夢の中での再会は、猫の魂が次なる転生に進む前の一時的な別れを意味することがあります。

または、夢は猫の生まれ変わりのプロセスを反映しており、あなたへの永遠のつながりを示しているのかもしれません。このようにして夢は生まれ変わりの神秘を示し、亡き猫と再び結びつく架け橋となることがあるのです。

未来の暗示の夢として、転生が起こった、つまり生まれ変わりのメッセージもよくあります。亡くなったペットが生き返ったというような夢を見る場合、それはその子が転生する合図かもしれません。ただ生き返っただけというような夢の場合は、前述の一つ目のように「生き返って欲しい」という脳内の願望の可能性もありますが、転生の夢の場合は、より具体的な、実際の映像が見えた夢のことが多いはずです。

愛猫が亡くなってから、愛猫の夢を頻繁に見るようになった人もたくさんいます。亡くなった猫が出てくる夢は、基本的にあなた自身の会いたい気持ちが夢に反映されていることが多いのです。あなたが悲しんで寂しがっていることを心配して夢の中に出てくる場合もあります。亡くなった愛猫の夢を見るのは、生まれ変わりの前兆である可能性もあります。

亡くなったペットの夢を見る一番の方法は、「ペットの死を受け入れること」です。死を受け入れられずに執着している間は、亡くなった子も心配してあなたの元に訪れると動揺させてしまうのでは？　などと考えたりするものです。受け入れることで、安心してあなたの所に遊びに来てくれるようになります。

亡くなったペットの子も、いつまでもあなたに悲しんでいて欲しくないのです。

亡くなった子の魂は、まずは虹の橋と呼ばれる天界にある場所に行き、そこでしばらくの間過ごします。そして時が来たら、また魂は転生していきます。

どういう形で生まれてくるかは断言できません、また有意義な人生を生きるために、転生してこの世界にやって来ます。我々人間の執着は、ペットのそんな輪廻転生を阻むものだということを理解してほしいのです。

あなたの中で一区切りがついたときに、生まれ変わってくるかもしれません。亡くなった子は生まれ変わるとき、霊界とこの世の間であるあなたの夢に出てきてくれるはずです。

転生の夢は、とても現実的で、不思議なほど夢を見ても、夢の中で夢と思うことはない。夢の中でまったく同じ間取りの部屋。夢なのに自分の意思で声を聴いたり触ったりして確かめられたこと。それは夢を通して自分が霊界に行って、自らが確かめるのでそうなるのです。

そして何より、夢の中では自分のペットは亡くなってもういないのに、夢じゃないよね。今が現実で亡くなったことが夢？　という気持ちになるようなリアルなものが多いのです。

私自身も夢の中で起きたことが現実となった出来事が何度もあります。チャコが亡くなって虎吉がやってくる前に、三毛猫チャコの横に、キジトラのそっくりな猫が並んでいる夢を見ました。その数日後に突然やってきたのがチャコの生まれ変わりの虎吉でした。

ほかにも夢に関する不思議なエピソードがたくさんありますので、これからご紹介することにしましょう。

パワーストーンをつけたチャコ、夢に現れる

チャコが亡くなるまえから、ずっとブログでその様子を載せており、猫の恩返しの実況中継のようになってしまった体当たりのチャコの恩返し。それは、かなりショッキングな内容で反響が多くありました。読んでくださったブログの読者の方々から、亡くなってしまったチャコへの弔いのお花がたくさん届きました。

ブログを通して、多くの方々に温かいチャコへのメッセージをいただきまして、悲しいけれど何だか嬉しい気持ちになり、心より感謝の気持ちでいっぱいになりました。チャコは、亡くなっても皆から愛されて幸せものだとつくづく実感いたしました。お花が大好きでしたので、とても喜んでいると思います。

亡くなってから一週間後、猫が大好きな心優しく日頃お世話になっている方からチ

ャコに、追悼のお花のプレゼントがありました。そのメッセージは「チャコちゃんお疲れさまでした」というものでした。

私は、その言葉に涙が溢れてきました。なぜなら亡くなってしまったチャコに、ピッタリの言葉だったからです。ずっと私を支えてくれていたチャコにとっては、本当にお疲れさまでした、なのです。

亡くなってから一カ月位たった朝方、チャコは久しぶりに夢に出てきてくれました。夢の中でチャコは、最後に作って亡骸と一緒にお墓に埋めた七色の虹色のパワーストーンを首輪にしていました。

そして、夢の中でこう言いました。

「何かあったらすぐに駆けつけるから、あまり悲しまないでちょうだい」

何かあるときには会いたいと願いなさい。それに気づいたら必ず駆けつけてくると。

そして、こう続けました。

「あなたが寝ているときに私に話しかけて」

そうしたら、チャコに私の心の声が届きやすいのだと。

寝ているとき、とくに眠りが浅いときは霊界と繋がりやすいのかもしれません。

しかし亡くなって一カ月経っても、普通に写真にその姿がありありと写ったりして、まだチャコの気配を十分に感じる。チャコはあまりに悲しんでいる私のことが心配で天に上がっていない……つまりまだ成仏していないのだ。これではいけない。

そう思った私は、霊界であろう夢の中でそっとチャコに話しかけました。

「大丈夫だからもう天国に行きなさい」と。

自分自身が既に死んでいること。そして幽霊となってさまよっていることに気づかせたのです。

「またね」

チャコはそういってスッと消えました。

全てを悟り理解したチャコは、今度こそ本当に、天へと召されていってしまったのです。

そして、夢から覚めました。

それからチャコの気配は消えて、写真にもその姿を写すことはありませんでした。

でも永遠に消えていなくなったのではなく、絶対的なピンチの必要な困ったときに、まるでアラジンの魔法のランプのように本当に出てくるようになりました。

特に、のちに入退院を繰り返すようになって、さらに出てきてくれるようになったのです。チャコは亡くなっても、私の守護霊かの如く、守ってくれていました。

アラジンの魔法のランプのストーリーは、アラジンが魔法のランプを擦《こす》ると、中からランプの精であるジニーが出てきて、「ご主人様のお望みを叶えます」と言って、願いを叶えてくれるお話です。

それからチャコは本当に、困ってどうしようもならないときに、とくに朝方の夢に出てきて、駆けつけて助けてくれるようになったのです。

おやじと名付けた招き猫

チャコが亡くなって、久しぶりに退院して家にいたある日の朝方、とても懐かしい夢を見ました。朝方見る夢というのは、たいてい霊界にいくときです。

夢の中で私は、部屋で寝転がっていました。外を見ると、真冬なのにお花がたくさん咲いていて、ここは、霊界だとすぐにわかりました。

何が起こるのかと、ジッと窓を見ていると二匹の猫が走ってきたのです。白黒の大きな猫と真っ白な小さな猫が仲良さそうにとても楽しそうに走ってやってきました。そして窓辺の横に二匹がちょこんと並んで座っていました。そのうちの一匹の白黒の猫は私に向かって招き猫のように大きく手を振りかざしたのです。その手は火傷をした跡があり、開かないグーのような手を思い切り振りかざしました。火傷の手の招き猫です。

その白黒猫は、はるか昔の、二〇代はじめの頃よく来ていた〝おやじ〟と名づけた野良猫ではないかとすぐに気が付きました。火傷の傷は、心無い人に熱湯をかけられたときにできたものです。

白黒猫と一緒に来た白い猫は、不慮の事故で亡くなってしまったオッドアイの〝福ちゃん〟でした。その二匹が、早朝の夢の中での霊界で現れたのです。

おやじと福ちゃんの生きていて亡くなった時代は十数年も違うのに、霊界で意気投合したのか、ニコニコしながら、二匹は楽しそうにとても嬉しそうにして出てきました。

なぜ二匹が霊界から会いに出てきてくれたのかというと、理由は自分でよくわかっていています。それは、そのとき非常に落ち込んでいたからでしょう。前向きな私が、落ち込むというのはとても珍しいことです。

どちらも不幸な死に方をした二匹は、元気付けようと出てきたのです。それから、遠い昔によく来ていた、人にいじめられ虐待されながらも一匹狼で強く生きていた白黒猫〝おやじ猫〟のことを走馬灯のようにずっと思い出していました。

〝おやじ〟と名づけた白黒猫は、大柄で黒が多くヒゲがピンとした立派なタキシード猫でした。二〇代前半で、私が自宅療養しているときに急に現れてきたのです。

もともと綺麗な猫だったので飼い主に飼われていたのに、不本意にも捨てられて野良猫になったのでしょう。本当に全く人を信じない野良猫でした。

おやじ猫は、私が毎日ご飯を与えていましたが、体がかなり大きいオス猫であったために、ご飯が足りないときはあちこちの残飯をあさり、おやつには、近所のつながれた犬の反対側からすれすれの器のところでドッグフードを食べていました。もの凄く賢いＩＱの高い猫でした。

しかし、近所の人たちからはおやじ猫は邪険に扱われ、庭に入って来ようものなら、大人たちに怒鳴って石を投げられたり、ホースで水をかけられたりして、本当に可哀想でなりませんでした。

私だけはおやじ猫の味方でいたい。できることはしようと、心に決めました。なぜなら、私はおやじ猫の生き方が大好きだったからです。自分も病気で入退院を繰り返して、社会から外れて、ひねくれて邪険に扱われ、誰からもまともに相手にされない。同じような境遇のおやじ猫と自分が似たもの同士に見えてきました。

でも、おやじ猫は人をひっかいたり噛んだりしない優しい猫で、毎日顔を合わせているうちに、アイコンタクトで少しずつ仲良くなって、距離が縮まっていきました。

私のおやつのときには、いつも窓辺に来て、ちゃっかり自分も煮干しか何かもらおうと待っていました。

実は、思い出してみると、おやじ猫を一、二回しか触った記憶が無い。なぜなら、おやじ猫はこれまで何度も危険な目に遭っていることから油断が全くない猫でしたから。でも、私とは信頼関係があって、心と心が通じ合っていたと思います。おやじ猫は、生粋のかっこいい決して媚びることのない一匹狼の野良猫でした。

誰も信じることはなく怖いもの知らずで、いつも体当たりで突っ走って生きていました。弱い立場の猫なのにこんなにもパワフルで頑張って生きている。当時、病気療養中だった私にとって、そのおやじ猫の姿がとても力強く、ヒーローであり、心の支えになっていました。カッコいいおやじ猫が大好きでした。

警戒心の強いおやじ猫にも受難の出来事がたくさんありました。ある日、毒饅頭を食べてしまい、顔がパンパンに腫れていたけれど、命からがらようやく生きていたことがありました。

心無い人に、よく熱湯をかけられていて、逃げ遅れて大火傷を負ってしまったこともありました。そのときの火傷のため、おやじ猫の前足は指がくっついてグーをしたような手になってしまったのです。

どうにか助けようとしても捕まえられないから助けてあげられない。早く傷が治るように滋養のあるフードを置いてあげるぐらいが関の山でした。

それでも、おやじ猫は生きなければならない。誰も助けてくれないけれど生きるしかない。おやじ猫は、何があっても強く一生懸命ひとりで生きていたものでした。その力強い姿は、病でくじけそうな私の心にいつも勇気と感動を与えてくれていました。

そんなおやじ猫も、三年くらいは家の周りによくいましたが、だんだん痩せてきてから、パタッと姿を見せなくなってしまいました。可哀相にその後、すぐ死んだのだと思います。

おやじ猫が来なくなって、励みがなくなって、何だかとても寂しくなってしまいました。それからも、やってきた野良猫を拾っては飼っていましたので、時が経つにつれておやじ猫のことは、だんだん記憶から薄れていきました。

では、なぜこんなに月日がたって、おやじ猫と福ちゃんは、夢の中での霊界を通して、私の前に現れてくれたのでしょうか。それは、明らかに私を励まして勇気づけるためであったと確信しています。

病気がよくなったと思って退院したと思ったら、またすぐに入院して、辛い治療。長い闘病生活が続いて、去る者日に疎しで、人に相手にされなくなったり裏切られたりなど当たり前。様々なことが重なって、生きていることが嫌になり、全てのことから逃げようとしていました。

だからおやじ猫は、私を励ますために出てきてくれたのです。おやじ猫は、生きているときに苦労が多かったせいか、修行の連続だったのでしょう。おやじ猫の頭上には、はっきりとオーラのような後光が見えました。

人に裏切られて、虐待を受けていて人間嫌いであったはずなのに。おやじ猫は、きっと私にしか可愛がられて愛された記憶が無かったのだと思います。

本当に困って悩んでいるときに、その恩返しとして出てきてくれたのでしょう。時空を飛び越えて、励まして恩返しをしようと霊界から体当たりで駆けつけてくれたのです。

それから、人にひどいことをされても裏切られても、真っ直ぐ力強く生きていたおやじ猫の駆け抜けた一生を、鮮明に走馬灯のように思い出してきました。

おやじ猫は、火傷した手で私に思いっきりメッセージを投げかけてきました。「自分を信じて真っ直ぐ生き抜いたら、それでいいんじゃないか。俺も頑張ったんだから。生きて生き抜くんだ」そのようなメッセージとともに私の心に勇気が一気に湧いてきました。

「本当にありがとう」と感謝の気持ちであふれてきました。そして、病気の治療もですが、これから色々なことを、また一からやりなおそうとそのとき決心したのです。

おやじ猫と福ちゃんの夢の出現により、忘れかけていた大事なことを思い出させてくれました。社会に出たくてもなかなか出ることができなかった自分は、ずっと弱い立場にありました。

しかし、たくさんのことを克服していって、今は社会のなかで何とか生きています。色々な人に助けられてきましたが、とても弱い立場にある動物たちにずっと支えられて助けられてきたから、今の自分があるのだと色々なことを思い返していました。「きっと何かまだやるべきことがたくさんある。自分しかできないことがいっぱい待っているんだ」と、何だか突然、ハッと目が覚めたように気づかされました。

私もおやじ猫と同じように、高熱続きの闘病で手が火傷のようにケロイドになってしまい、しかも血行障害もあって多少不自由ですが、動けるだけ動いています。

できる範囲ですが、弱い者の立場にある野良猫たちを、できる限り救いたい。それは、自分の価値観、意識の問題だと思います。

世の中にいるおやじ猫のような受難の野良猫たち。世間一般では、誰の目にとまることなく見て見ぬふりで消えていく小さな命たちが、星の数ほどいます。そんな小さな命達に自分が遭遇したときに、目を背けるのではなく、手を差しのべることのできる心を持っていたいと思うのです。

命の重みは、全ての生き物に対して平等であるはずです。でも、心では感じても、行動に移すのは容易ではありません。

私自身、できる範囲で皆から見捨てられた猫たちを保護して、力を合わせてどうにか生きてきた。今まで、どんなに馬鹿にされても裏切られても、猫たちと一緒に自分を信じて頑張ってきて、何とか乗り越えてきたじゃないか……。一匹狼で精一杯生き抜いたおやじ猫の招く火傷の手を見て、自分のこれまでの生き方と重ねました。

そして、なぜかこれから何でもやれるような大きな自信と自分の本来の居所を、その招く火傷の手でようやく見つけた気がしたのです。

目が覚めて起きてみると、ずっと頭にあって考えていたくだらない将来の不安もバカらしいと思えるようになっていました。なるようになるんだと。

誰にもわからなくていい、自分で納得して行動して結果を出せばそれでいいんだ。自分のすべてを出し切ってからが、ようやく人生の勝負の始まりなのだ。まだ中途半端で何もやり切っていないじゃないか。

生きている間の人生、やれることを思いっきり精一杯やり切ってみようと、おやじ猫の生き様と重ねて自分のこれまでを振り返り、とても前向きな気持ちになってきました。

人から捨てられた野良猫でしたが、自分なりに精一杯生き抜いたおやじ猫と福ちゃんは、亡くなってもはるばると時空を超えて、私を励ましに勇気と希望を与えるためにやってきてくれたのです。私は二匹に心より感謝しました。

第5章

猫とテレパシーで会話してみよう

言葉ではなくテレパシーで想念伝達する動物たち

心を持つ人間をはじめとする動物たちには、みんな想念があります。想念とは、心の中で想うすべてのことです。波動というものは、人間、動物、植物など身の周り全ての物体から出ているエネルギー体のようなものといってもいいでしょう。人間をはじめとする動物の心の中にある思いも、想念の波動エネルギーとして常に放出されているのです。

動物の持つスピリチュアル能力のなかに、「テレパシー能力」があります。『サードアイ』とも呼ばれている『第三の目』は眉間にある第6チャクラと直結しており、直感が目覚める場所。言わば〝内なる目〟のことです。

サードアイが開眼することで直感力が冴え遠方の状況を察知することができたり、目に見えないものをビジョンで捉えたりすることができる場合があります。これがテレパシーというサイキック能力です。

テレパシーとは、双方の想念伝達で会話することを言います。想念伝達とは、心の中で思っている想念を相手に伝えることであり、想念の波動エネルギーのやり取りです。もっと根本的には、想念伝達とは、魂と魂との会話といってもよいでしょう。

わかりやすく言いますと、テレパシーで、思いのエネルギーが波動となって伝わってくるというような感じです。心の中で考えている想念は、人をはじめとする動物たちが発している波動エネルギーで察知できるものなのです。

たとえば、この人嫌いだ、もしくは好きだと想った瞬間、その想念は相手に波動エネルギーとして伝達されていきます。人によって、感知する能力に差がありますが、なんとなく嫌われているとか好かれているとか、その雰囲気でわかることが多いですよね。この何となくの雰囲気が、その人が相手に向けて発する思いのエネルギーの波動、つまりこれが想念の波動エネルギーなのです。

想念伝達によって波動エネルギーを受けた人の受信機の性能は、人によって違います。霊感が強い人やサイキック能力がある人のように、想念伝達によって波動エネルギーを受け取る人の受信機が高性能でしたら、言葉で気持ちを聞くまでもなく、その想念を理解して心の中をかなり読み取っていくことができるのです。

人間同士でなくとも、動物同士、動物と人間との間にも、心の中の想念の伝達は行われています。動物同士は、日常的にテレパシーで会話をしています。言語がまだ人のコミュニケーションツールとして確立されていなかった頃は、きっともっと普通に人間もテレパシーを使いこなしていたのだろうと思います。

猫にもテレパシー能力がもちろんあります。猫は猫同士で会話するときにもテレパシーを使って情報交換しているとも言われています。たとえば、あそこのうちは優しくてご飯をくれるよ、とか野良猫同士で情報交換のようなことをしている可能性があります。

あなたのうちに、次々と野良猫がやってくるときには、猫同士でテレパシーを使って情報伝達をしている可能性が十分あります。このように猫のテレパシーは、日常的に身近なものなのではないかと考えられています。

私自身、これまで色々な猫たちからテレパシーで話しかけられたことがあります。実際にこの本に載せている、歴代の犬や猫たちと私の会話は、テレパシーによる会話がほとんどです。

テレパシーによる想念伝達とは、不思議な世界のお話なのでしょうか。そんなことはありません。目には見えないけれど、特別なことではないはずです。本来、人間も持っていたものなのに、人間は言葉と引き換えにこの能力を失ってしまったのです。

動物間におけるテレパシーによる想念伝達は、日常生活において想像以上に頻繁に起きているのです。動物がテレパシーで話すといっても、目の前の動物自身と会話するというよりも、心の中にある想念とやり取りをするような、魂同士の会話だと言えるでしょう。

テレパシー能力は、同じ種の動物でも個体差があり、優れたものもそうでないものもいるはずです。でも、動物間のテレパシー能力は、概して人間より優れていると言えるでしょう。

また、テレパシー現象は、一般には生者と生者との間に起きるものという認識がありますが、テレパシーは肉体を超越していることから、生者と死者との間で起きてもおかしくはなく、当然あるはずです。

このように考えると、死者と死者、すなわち霊の世界の伝達手段もテレパシーであるといってもよいわけです。ただし、霊から送られてくる通信を生者がキャッチした場合は、特別に〝インスピレーション〟と呼んでいます。

猫とテレパシーで会話する

動物にももちろん心がありますので、人間も動物の想念を読み取るということには、なんら変わりはないのです。

猫と一緒に暮らしていると、猫と人間も今以上にもっとコミュニケーションを取ることができるし、猫同士も、かなり高度なコミュニケーションを取っていることがわかってきます。

私たちが猫に話しかけるとき、「この思いを伝えよう」という気持ちで話をすると、猫はこちらの意図を読み取ってくれるはずです。時には、こちらが猫には知らせるつもりがないのに、勝手にこちらの想念、つまり意図を読み取って、先まわりするような行動をとることとすらあるのです。

猫たちは人間ほど知能が発達していないため、もちろん高度な思考や思索はできませんが、想念伝達によって高度なコミュニケーションを取っているのです。

猫の世界は、人間のそれよりも単純なので、こちらが読み取ろうとすると、猫たちが考えていることは案外わかるものだとも思います。

猫は、表情や声、行動などで常に人間にメッセージを送っています。でも、言葉を発することができないので、人間に気持ちが伝わらないことも多いはずです。コミュニケーションをとりたい猫にとって、気持ちを理解してくれるアニマルコミュニケーターは貴重な存在です。人間と同じで、気持ちを理解してくれる相手に心を開くのではないでしょうか。

動物は、言葉を持たない分だけ、想念伝達によって心の中を読み取る受信機の性能が高く、相手の想念を理解してかなり心の中を読み取っていくことができると言われています。

動物との想念伝達も、まず気持ちを理解しようと心がけることによって、ずいぶん違ってきます。動物の気持ちを理解して会話するためには、動物たちが発している波動にまずチャンネルを合わせるように努めなければなりません。

彼らが何を言いたいのか、まず耳を澄ませて聞いてみましょう。訓練すれば理解度

が高まってきて、動物の気持ちがある程度はだんだんわかってくるようになってきますよ。

反対に動物の方が、人が何を考えているか、どういう気持ちを持っているかなど、人の心の中の想念をテレパシーのような想念伝達で読み取ることを日常的にしているのです。

つまり動物は、人間が何を考えているかなど、人の心を読み取って想念伝達で送っているのです。これは、前に述べました、動物は人の〝オーラ（もしくは波動）〟を見て行動しているということに通じるでしょう。

人間がどんな波動を発しているかで、言葉ではなく想念で判断しているのだと思います。ただ、受信機である人間側に問題があるのです。わかろうと思えば、彼らの想念が、きっとわかるようになるはずです。

たとえば、たけるや億ちゃん金ちゃんなど、うちの猫たちに大好物のおやつの「ちゅーる」をあげようかなと思ったらすぐに、どこからともなく食べようと飛んでやってきます。別にちゅーるをあげようとか声に出しているわけでもないのですから、ちゅーるをあげようという気持ちを猫たちはテレパシーのような想念伝達で読み取っているということになります。

特にたけると私は以心伝心で、私がちゅーるをあげようかと思った瞬間に、まだ出してもいないのに、くれくれと手を出して騒ぎます。猫も人間が発する言葉だけでなく、想念の心の声も聞きとる能力があることがわかります。

たけるはマグロのトロが大好きで、買い物からお刺身か握り寿司を買って帰ったら、すぐに近寄ってきます。匂いがするというよりも、私がたけるにマグロのトロを食べさせてあげようという気持ちがテレパシーで伝わったからだと思います。

さらにすごいのは、たけるとは以心伝心で、呼びもしないのに、どこに行ったかなと思うだけでどこからともなくそばにやってきます。

私はよく不規則に外出しますが、そのとき犬のタックには、部屋の中でお留守番してもらっています。自宅へ帰る際に、まだ距離があるのに、遠くからかすかに家の中で吠えているのがいつも聞こえてきます。

亡くなったブラッキーも、いつも庭か塀のところで帰るのをずっと待っていて、帰ったら飛んでお迎えにきていました。これは、飼い主である私が、心の中で「今から帰ろう」と思っているのが、テレパシーで伝わるからにほかなりません。ペットと飼い主が深い信頼の絆で結ばれているほど、こういうことが起こるようです。

当たり前のことですが、身近な犬や猫などの動物をはじめ、すべての動物たちには〝心〟があり、感情があります。人間は言葉が使えるために、自分の感情や意志を言葉で表現できますが、動物は言葉を使えないために態度や表情など行動や泣き声で、主に意思を示すことになります。

私は、人間はもちろんですが、動物の想念を読み取って、ある程度の動物の感情を理解することができます。動物と話すといっても、目の前の動物本体と会話するというものではなく、心の中にある想念とやり取りをするというような、魂同士のテレパシーのやりとりのような会話だと言えるでしょう。

テレパシーによる想念伝達は、目には見えないけれど、特別なことではないはずです。本来、人間も持っていたものなのに、人間は言葉と引き換えにこの能力を失ってしまったのです。

生きている動物は眉間のいわゆる〝第三の目〟から、テレパシーのような念力で波動エネルギーを伝達して気持ちを送ってきます。人間も動物ですから同じですが、動物は言葉を使えない分、人間よりも念力が強いような気がします。

ただし、動物も人間と同じように、心の中の想念を読み取る際には、心を開いてくれなければ読み取りが難しいものとなります。心を開いてくれなければ、テレパシーが伝達せず、動物との会話は成り立ちません。

そこは、動物と人間である私との究極の信頼関係が成り立っているからこそできるのです。「あなたが大好きです、味方です」というような友好的だという意思を、想念伝達の念力で動物に伝えます。

そして動物は、その想念伝達を受け取り、それとともに私が発している動物が大好きだという波動を察知して、大丈夫だと判断しているのです。想念伝達のやりとりの視えない側からみると、動物が心を許すといった信頼関係ができあがるのは、一目見て通じ合うような、眼で落とすといった感じが近いかもしれません。

動物は心を許すと、コロッと態度を変えますのですぐにわかります。それは、動物の感情はその種類にもよりますが、基本的にとてもストレートで真っ直ぐなものだからです。人間は、言っている言葉や態度と本心が全然違うことが多々あります。しかし、動物は人間のように裏表なく、感情と行動が一致しており、送ってくる想念と態度が完全に一致しています。

動物は、人間と違って嘘偽りがなく本当に正直な生き物だと言えるでしょう。私は別に特別な人間ではなく、動物と信頼関係を結び、心を通わせていたことからこのような想念伝達ができるようになったのです。皆さんも、自分のペットと心を通わせてテレパシーでお話ししてみてはいかがでしょうか。

猫と会話するきっかけとなった野良猫アゴちゃん

現在、私自身はある程度動物の感情を想念で読み取ることができるようになりました。しかし、そういう心を読み取る能力がついたのは生まれつきではありません。長年猫や犬に携わって、目線を同じにして、気持ちを読み取ろうとしてきた積み重ねのおかげだと思っています。

小さい頃から、動物が大好きで、捨て猫を拾ったりしては、飼っておりました。飼い主に捨てられて言いたいことがいっぱいあるだろうな、動物が言葉をしゃべってくれたらいいのに、と幼少期にはよく思っていたものです。

動物の心の中、いわゆる想念がある程度はっきり伝わり始めたのは、二〇歳前後ぐらいだったと思います。ちょうどその頃、私はまたしても持病が悪化して、入退院の繰り返しでいつどうなるかわからない状態でした。病院と家にこもる生活で、家にいるときも人と話すことはほとんどなく寝ていました。

私は、人と話をすることがあまりなくなってきたせいか、言葉で気持ちを伝達するという、人間としての機能を意識することが少なくなってしまっていたのだと思います。

当時は、飼っている猫を含めて野良猫もたくさんいて、家には裏の林からやってくるタヌキなどを含めて、動物に囲まれている環境にいました。

田舎に住んでおり野鳥もたくさんやってきます。当時はキョロちゃんというカラスと仲良しでお話をしていましたが、最近ではアオちゃんというアオサギがいて、私が家にいたらどこからともなくやってきて屋根の上で待機していて、私が「お魚よ〜」

と呼ぶとすぐに飛び降りて食べに来ます。

二〇代で病気療養中の当時、いつも窓から覗いて遊びにくる黒いキジトラの野良猫がいました。その猫は交通事故に遭って完全にあごがズレていたので、〝アゴちゃん〟と名づけました。

アゴちゃんは、事故の後遺症のせいで喉をやられたためか鳴くことができず、鳴き声を全く聞いたことがありませんでした。でもアゴちゃんは声が出ず不自由なのに、前向きで優しく、とても明るい気さくな猫ちゃんでしたので、一緒にいるだけで元気をもらえるような感じでした。

そんなアゴちゃんと毎日顔を合わせていますと、なんとなく言いたいことがわかってくるようになってきました。そして、だんだん仲良くなって信頼関係ができてきますと、もっと具体的な想念がテレパシーで明確に伝わってきて、何が言いたいのかよくわかってくるようになってきたのです。

「おまえ、いいヤツそうだな」「もっとおいしいものをくれ！」とか、「暇そうだから遊んでやろうか？」というような具体的な心の中の想念がテレパシーで伝わってきます。鳴かないアゴちゃんと知らず知らずのうちに、無言で想念伝達により会話のやりとりを普通にするようになっていたのでした。

その頃から、気付いたら声に出すこともなく、色々な身近な動物たちと心の中でテレパシーを使ってやりとりをして、想念伝達により自然に会話をするようになっていきました。

私が想念伝達による動物との会話ができるようになったのは、声が出ず鳴くことができないアゴちゃんとの、テレパシーのやり取りによる心の交流だったのです。

よく遊びにきていた心の友のアゴちゃんでしたが、あるとき何日か見なくなってしまいました。とても心配して、毎日探していました。それからまもなくして、お別れの想念が横たわっているアゴちゃんの景色とともに私の心に飛び込んできました。

私はその景色の見えた場所に一目散に飛んで走っていきました。そこは、近くのアパートの階段の後ろ側の陰のところで、全く人目につかない場所でした。すると、アゴちゃんはやはりそこで瀕死の状態で横たわっていたのです。もう意識はありませんでした。死に場所にそこを選んだのでしょう。

そして、アゴちゃんは私が抱きかかえたその瞬間に息を引き取ったのです。そのとき、野良猫だったアゴちゃんの壮絶な一生が走馬灯のように一瞬で伝わってきました。

最後に私に伝わってきた想念は、「やさしくしてくれてありがとう」「幸せだった」という感謝の気持ちでした。アゴちゃんは一人で死のうとしたのだけれど、きっと私に最後を看取ってほしかったのでしょう。

野良猫で交通事故にあって苦労しながらも、小さい体で精一杯生き抜いたアゴちゃんに、「よく頑張ったね。一緒にいてとても楽しかったよ。ありがとう」という気持ちを伝えました。アゴちゃんと一緒にいた時間は、私も病気を忘れることができる、幸せなひと時でした。

アゴちゃんと楽しくおしゃべりしていたときの思い出、声が出なくて体が不自由でも前向きに強く生きて、たくさんの勇気と感動をくれたこと、そして最後の優しい安らかな幸せそうな死に顔を、今でも決して忘れることはありません。

幸福な王子から学ぶ幸せとは

〝幸福〟とは、生きている人々が最も願うことであります。この世の中の〝幸福〟とは、いったい何なのでしょうか。

家の近くに毎年ツバメがやってくる巣があります。初夏になってツバメがやってきますと『幸福な王子』の切ない話をいつも思い出します。

オスカー・ワイルド著の短編小説『幸福な王子』（The Happy Prince）は、皮肉と哀愁を秘めた象徴性の高い作品であり、ツバメと王子のやりとりを通して〝幸福〟とは私たちに何を与えてくれるものなのかを述べています。

小さい頃から『幸福な王子』は何度も読み返しては、感動で涙していました。なかなか何度読んでも心にくるような感動させるという話は私の中では存在しません。でもこのお話は、物悲しいけれど、なぜか温かい気持ちになれる話なのです。

『幸福な王子』に小さい頃に出会ってから、〝幸福〟について深く考えさせられてきました。温かな心を持ち続けること、感謝の気持ちや思いやりを持つということが、人生において幸福となるためには欠くことのできないものだということを、この本で知りました。

『幸福な王子』のストーリーは、〝幸福〟という目に見えない抽象的な概念をテーマとした自己犠牲の精神や皮肉や哀愁を秘めた象徴性の高い作品であります。自分さえ良ければいいという排他的な自己中心的な考えの中には、幸福という概念のかけらも含まれることはないでしょう。

物質的なものだけが決して幸せなのではなく、心の豊かさの中にこそ幸福があるという、人生の陰と陽の〝正負の法則〟のエッセンスが童話の随所に皮肉と哀愁を込めてたくさんちりばめられているのです。

王子のツバメのやりとりには、その切ない悲惨な状況の〝陰〟の中に、王子とツバメの温かい慈悲の〝陽〟な心がくっきりと浮かんでおり、その陰と陽のコントラストによって〝幸福〟が見事に描かれています。

私はこの物語における、擬人化したツバメの言動が大好きでした。ツバメはこの物語の中で、人の心を持っているように描かれています。

最初は自分のことばかり考えていたのに、悲しい現実を意識して見ることによって、ツバメの価値観が全く変わっていきます。

王子は不幸な人々に自分の体中の宝石を剥がして渡してきて欲しいとツバメに頼み

ます。ツバメは町の上を飛びまわり、金持ちが美しい家で裕福で贅沢に暮らす一方で、乞食がその家の門の前に座っているのを見ました。

ツバメは街を飛び、両目をなくして目の見えなくなった王子に色々な話を聞かせるのです。王子はツバメの話を聞き、まだたくさんの不幸な人々に自分の体の金箔を剥がし分け与えて欲しいと頼みます。

ツバメは、最初は少し反発しながらも、このような悲しい町の状況を目のあたりにして、幸福な王子の使者として、少しでも困っている人々を救うために、命を捧げてまでも力を尽くしたのです。

では、なぜ私が『幸福な王子』を読んでこんなにも感銘をうけたのでしょうか。それは、自分自身が小さい頃から、病気で自分の身体が思うようにいかず、入退院を繰り返していたことが大きな理由だと思っています。

病弱な私に向かって、他人からいつも言われる理不尽な心無いセリフは、〝不幸に生まれてかわいそう〟ということでした。不幸だと他人からいつも言われながら、自分が本当に不幸なのか、この童話を読みながら、病気と闘いながら、幸福と不幸について幼いながらにいつも考えていました。頭の中は幸せについて、何が幸福で、何が不幸なのかとよく自問自答していました。

病気をしても心が元気なら幸せ

ツバメと王子の『幸福な王子』のやり取りが自分と重なって、とても好きでした。『幸福な王子』の中のツバメは、私にとっての〝猫〟でした。これまでにご縁があった猫は、病床にいる私に向かっていつも慰めて明るくなるように優しく語りかけてくれていました。

ある日、動物と会話ができるきっかけとなった、二〇代前半いつも一緒にいた心の友アゴちゃんは、私に向かって不思議なことを言ったのです。「おまえさんは、不幸じゃないんだ、幸せなんだよ」と。

「どうしてそう思うの？」と聞いたら、「おまえさんは、心が元気なのさ。おれにはわかる、心が陽で病気じゃない。だから病気もきっと良くなる。心まで病気になったらおしまいさ」さらにアゴちゃんは、自信を持ってこう言いました。「心が前向きで明るいから幸せなのさ」

そんな闘病している当時は、辛いことが多く、アゴちゃんの言っている意味がよくわかりませんでした。でも、今ははっきりとわかります。

幸福とは、自分の心が決めることであって、他人が見て決めることではないからです。幸福とは誰でもない自分自身しかわからない概念なのです。

交通事故で顔に怪我をして、鳴くこともできず苦労を重ねた野良猫だったアゴちゃんは、辛い経験を通して、猫なりに幸せというものをはっきりと認識したのでしょう。

優しい心を持ったアゴちゃんと一緒におしゃべりするささやかな楽しいひとときが、当時は、お互いとても幸せでした。

病気は嫌ですが、辛い闘病を小さい頃からずっと経験してきたことによって、普通のことができるということが、ありがたいことであり、いつもとても幸せに感じています。だから、どん底を味わってきた自分は、何が大事なことかがよくわかって、ある意味とても幸せなんだ、とつくづく思うのです。

アゴちゃんが言いたかったことも、きっとそういう心の中にある幸せのことを指していたのだと、今は実感しています。

人生は、〝陰と陽〟の〝正と負〟で〝正負の法則〟が成り立っています。不幸という負を経験したからこそ、幸福という正がくっきり浮かび上がってきて、幸せを実感することができるのだろうと思うのです。

そして、人生は決して悪いことばかりじゃない。悪いことが続いても、心がけ次第で必ず良いことが待っていることを実感しています。『幸福な王子』は、忘れかけそうな大事なことを思い出させてくれて、いつも前向きな気持ちにさせてくれるとても素晴らしい童話です。

このように、幸福とは自分自身の心の持ち方の問題であり、幸せはいつも人の心の中にあるのです。人生においてその本当の豊かさや幸せをもたらす、最も大切なものである真の幸福の源泉は、心の中にのみ存在する、といっても過言ではないでしょう。

したがって、人は心の在り方次第で、いつでも幸せになれるのだと思います。

第6章

猫の生まれ変わりは本当にある

輪廻転生とは

人間の輪廻転生と同じように猫も生まれ変わる？

みなさんは、輪廻転生というものを信じますか？

個人的には、命あるものはやはり輪廻転生するのだと思います。ここでお話しするのは、私の主観的な考え方です。輪廻転生は、科学では計り知れないもの。あらゆる物質や魂が消滅と再生を繰り返しているのが宇宙の法則です。科学で解明できず、科学的根拠がないので輪廻転生なんてあり得ない、と否定することもできないと思います。


みなさんが一番気になるのは、亡くなってしまったペットがどうなっているのかということではないでしょうか。ペットである愛犬愛猫が死んでしまうことほど、飼い主にとっては悲しいことはありません。そんなとき、生まれ変わって、またどこかで出会いたい、と本気で願う人も多いと思います。

実は、私たち人間の魂が輪廻転生しているように、犬も猫も鳥も、生きとし生けるものはどの魂も輪廻転生しているのです。

輪廻転生というと、仏教の教えのように聞こえますが、実際はその他の宗教でも説かれていることだったようです。私は特定の宗教には属していませんが、宇宙、大いなる神の存在は信じています。とくに日本は無宗教なので、輪廻転生のような話はなかなか受け入れ難く、このような話をすると新興宗教みたいに怪しく思われてしまうこともありますが、怪しい話ではありません。

チベット仏教の教えによれば、すべての生きとし生けるものは輪廻転生すると言われています。輪廻転生とは、一時的に肉体は滅びても、魂は滅びることなく永遠に継続することです。ふつうの人は、亡くなったら次も同じように人間に生まれ変わるとは限らず、生きている間に行ってきた行為の良し悪しによって、六道輪廻（天・人間・修羅・畜生・餓鬼・地獄）のいずれかの世界に生まれ変わらなければならないのだそうです。

たとえば今人間であっても、次の生は昆虫・動物・鳥などに生まれ変わるかもしれないという考え方です。インドなどでも、転生輪廻として、人間が色々な動物に生まれ変わると考えられています。

ですが、人間の魂は基本的に人間に生まれ変わり、動物は動物として生まれ変わるのが現実だと思います。動植物と人間の魂には、違いがあります。動物はやはり動物として生まれ変わってくることが多く、動物から人間に生まれ変わることは極めて少ないでしょう。


輪廻転生、つまり生まれ変わりとは、一般的に、ある生き物の魂が物理的な死を迎えた後、再び新たな肉体を得て生を受けることを指します。この概念は、多くの宗教や哲学において様々な形で認識されていますが、根底には「魂は永遠」という考え方があります。

スピリチュアルな見解においては、全ての生き物は、この世の人間界とあの世を行き来しながら、生と死を繰り返し、経験を積み重ねていくとされています。

ペットロスを経験した多くの人たちが、生まれ変わった愛猫との再会を待っています。猫の生まれ変わりを待つ人たちは、愛猫と飼い主との深いつながりや使命を感じ、魂が何度も転生していると信じています。想い出深いペットが亡くなった後、新しい猫がその魂を受け継いで、またこの世で生まれ変わって生きていくという考え方です。

もしかしたら、あなたの愛猫もどこかで生まれ変わっているかもしれません。猫の輪廻転生を信じることで、あなたの心に希望の光がともることを願っています。

猫は猫に生まれ変わる？

猫は、古代から世界各国の多くの文化で神秘的な生き物として崇められてきました。猫は独特のオーラや風貌を持ち、我々人間を惹きつける魅力があります。スピリチュアルの世界では、猫にも人間と同じように輪廻転生があると言われています。

猫の生まれ変わりとは、猫が死んだ後に別の生命体として再び生まれることを指します。これは人間の輪廻転生と同じような考え方で、スピリチュアルの世界では、猫も死後に魂が別の肉体に宿るとされているのです。人間の輪廻転生と同じように猫も生まれ変わるのです。

A cat has nine lives.「猫に九生あり」という西洋の諺を知っていますか？　猫は

命が九つもあるというくらい、何度でも生まれ変わってくることができて、執念深いという意味もあるそう。猫は9回生まれ変わる、という意味の諺のこの9という数はヨーロッパでは幸運な数とされています。

体はなくなっても魂が消えることはありません。ましてや可愛がってくれたあなたを忘れることはないでしょう。

猫の輪廻転生は、飼い主との間に深い絆があった場合や、猫自身が徳を積んだ場合に起こると言われています。猫の皆が皆、生まれ変わるというわけではありません。また、猫の生まれ変わりは必ずしも猫とは限りませんが、猫は猫に生まれ変わることがほとんどだと思います。ただ、猫が他の動物や人間に生まれ変わるという可能性も極めて稀ですが、あるようです。といっても、ペットとしての猫からすぐに人間に生まれ変わるかというとそんなはずはありません。

この世は人間界と言われていますが、人間界の中ではやはり猫を含む他の動物は人間に生まれ変わるのが目標であり、数度転生を繰り返して徳を積まないと人としては生まれ変われません。

猫は場合によっては、飼い主の子どもや孫など身内の誰か、あるいは飼い主の猫以外の犬や鳥など他のペットに生まれ変わることもあるようです。これは、猫の魂が自分に合った肉体を選ぶからと考えられています。いずれにしても、飼い主と再会するために、自分が育った同じ家にやってくることが多いと言われています。

犬なら犬、猫なら猫と、同じ動物に生まれ変わることが絶対ではなく、人間に親しく、同じ世に生まれ合わせる動物は、そのとき代において人間と身近に生きる何かしらの生命として生まれるのではないかと思います。

たとえば、昔であれば牛や馬を育てて共に働く存在として親しく飼い主とつながっていたとします。それが現代では牛や馬を家で飼う人はほとんどいないでしょうから、ペットとして犬や猫に生まれ変わる、ということもあるのです。

決められたルールとか、あの世からのお知らせがある訳ではありませんが、やはり犬であれば、犬に似た動物、猫やウサギ、鳥など、人間との関わり合いが深い、立場が同じような別の動物に生まれ変わることもあると言われています。

基本的に猫が人間に生まれ変わるケースはほとんどないと言っていいでしょう。猫が人間の赤ちゃんになって生まれ変わるのは極めて稀なので、猫が亡くなったタイミングで子供を授かっても生まれ変わりの可能性はほとんどないと思われます。

ただし、徳を積んだ波動が高い猫なら人間に生まれ変わることもあるとされていま す。いわゆる、現世で人間に近いような賢い猫は、来世では人間になる可能性があるということです。猫にも波動のレベルがあって、高次元のレベルでの徳を積んだ猫は十分に人間に生まれ変わる可能性があるのです。

猫を含む生き物がこの世で果たすべき役割は、一生懸命生きて誰かの役に立つことです。それは人間の役に立つだけでなく、周りの動物や自然といった全てのことに対してです。それがいわゆる徳積みになります。

あなたがペットと過ごした時間をとても有意義に感じて、楽しい思い出や癒された感情を感じて、その猫がいなくなって本当に喪失感を感じたその分、その猫は得を積んだことになって、人間に生まれ変わる確率も高くなると言えます。


魂の境涯、この世に生きていく上でおかれている立場として、人間より動植物が劣っているように思われますが、必ずしもそうではありません。動植物の中で、人間の魂の境涯に近いものとしては、ペットなど人間の近くで飼われている動物がいます。

彼らは人間とともに生きることで、愛を知って、人間に近い魂を持つようになっていきます。そういった過程で、その中には、人間として生まれ変わることもあるようです。

私たちが愛するペットである猫は生涯にわたる友であり、彼らが旅立つときには、その喪失は計り知れないほど深いものがあります。

しかし、彼らの魂が新しい姿で帰ってくるという「生まれ変わり」の考えは、多くの人にとって慰めとなります。愛猫がこの世を去った後も、彼らの魂はずっと傍にいてくれると信じることができます。

この見えない絆は、私たちを支え、ペットロスの悲しみを癒し、眼には見えないけれど、確かな思いを与えてくれるでしょう。再会の約束があるからこそ、日々を前向きに生きることができるはずです。

亡くなってしまった猫の生まれ変わりのサイクル

犬や猫などのペットと人間の魂の違いとして、動物の魂は、人間よりもはるかに生まれ変わりが早いという説があります。動物が生まれ変わるサイクルは人間よりもかなり早く、亡くなってから数カ月や数年という説もありますが、動物によってそれぞれではないでしょうか。

猫が亡くなってから生まれ変わるまでの期間については、一般的には約一〜二年ほどと言われています。しかし、早い場合だと数週間という説もあるようです。また、猫の魂の状態によってもその期間は変わると考えられています。生まれ変わりは必ずしも猫としてではなく、他の動物や人間としても起こり得るため、猫が選ぶ肉体や環境によっても周期は異なるのかもしれません。

亡くなった猫たちは、優しかった飼い主に再び出会いたいがために、次の転生をめざしてまっしぐらに霊界を走り抜け、すぐに生まれ変わってくるという場合もあるそうです。

逆に、不幸にも人間に虐待されたり、無残に捨てられたりした動物たちは、恐怖の想念から脱出することができず、輪廻転生のスピードが遅く、なかなか前に進むことができない、つまりなかなか生まれ変わらない、とも言われています。それは、生まれ変わりたいとも思わないからかもしれません。

ましてや、そんな動物たちが虹の橋のたもとで亡くなった飼い主を待っている、などということはあり得ません。そして、動物たちにひどいことをした人たちには、必ず因果応報でツケが返ってくることは間違いありません。

動物霊は、かなり早いサイクルで輪廻を繰り返しているようですので、飼い主が亡くなったときには、その猫の霊はすでに別の場所に生まれているということもあり得るのです。ペット供養というものも、あまり期間が長くなっても、生まれ変わっていれば意味は薄いかもしれません。むしろ人間側が悲しみなどを引きずって、悲壮な念を向けていると、足を引っ張ることになって、浄化の妨げになることがあります。

可愛がっていた猫が亡くなってしまったら、ショックから立ち直ることはとても困難なこと。幽霊になってでも会いに来てほしい、そんな悲しみに暮れているとき、ふと亡くなった猫の気配を感じたり、暖かく包まれているような感覚を感じたりすることはありませんか。

愛情を込めて最期まで一緒に過ごした猫が亡くなった後もずっと悲しんでいると、なかなか生まれ変われず、そのまま飼い主さんの守護霊になることがあると言われています。

また、亡くなったペットが、今生きている犬や猫など身近なペットに憑依して、自分の存在を飼い主に知らせてくれる場合もあります。その憑依は一時的かもしれませんが、亡くなったペットにそっくりな言動や表情をします。多頭飼いの場合は、仲間達には、その亡くなった犬猫の姿が実際に見えます。

亡くなった愛猫が飼い主の守護霊になったり、他のペットに憑依したりしても、きちんと成仏して生まれ変わったら、そのようなことはなくなります。


人間の仏教の世界では四十九日経つと亡くなった人がこの世から旅立つことができるとされています。四十九日間は、故人にとっても、家族や友人たちにとっても、未練を断ち切るまでの最後の時間とされています。

では、犬や猫はどうなのかというと、基本的に動物たちは人間よりも生きていた時に対する未練が少ないと言われています。それ故に、飼い主があれこれ心配するよりも、案外、あっさりとあの世に旅立って行けるのかもしれません。

そして、猫の生まれ変わりは人間より期間が早いとされています。早ければ数時間後、数週間後には生まれ変わることもあるとされるほど、猫の魂は死んだあと、すっと成仏できるのでしょう。家族から愛されて、最後の瞬間まで幸せだったと感じることができれば、生まれ変わりは早いと言えます。

動物たちの「生まれ変わり」の時期が早いのも、こういった理由なのだと思います。飼い主がいつまでも悲しがっていると、ペットは心配で天に戻ることができません。つまり、成仏しにくくなります。天国に帰ることができないと魂がこの世を彷徨ってしまうので、生まれ変わりまでの期間が延びてしまいます。愛猫の魂を成仏させてあげるためにも、悲しみから一刻も早く立ち直って元気な姿を見せてあげましょう。

ペットの寿命が尽きても、生きていた間ずっと飼い主が優しく接していれば、ペットの純粋な魂は霊界へと進み、次の来世でも心優しい飼い主との縁が結ばれるはずです。もしかしたら、可愛がったペットは早くに生まれ変わって、現世であなたのところに帰ってくるかもしれません。

ペットとしての猫と深い繋がりで結ばれている場合には、生まれ変わってもまた再会するということがあります。でも、はっきり言って、真の生まれ変わりかどうかはどうでもいいことです。

愛猫が亡くなって次に飼った猫は、前に飼っていた猫としぐさが似ているから生まれ変わりに違いない、と思って接することは悪いことではありません。それほど昔飼っていた犬や猫への愛情が深かったからこそ、そう思えるのです。


間違えないでほしいのは、今生きている、今側にいる猫を大切にしてほしいということです。結局のところ、どんなに御託を並べても、今いる猫が生まれ変わりなのかそうでないかなど、誰にもわかりません。それよりも、今出会えたという縁を大切にして、その猫の一生を楽しく過ごさせてあげられるように、今を大事にしましょう。亡くなった猫は、ずっと心の中に生きています。その思い出を胸に、目の前にいる猫と共に生きていきたいですね。

私たち人間や動物など、生きとし生けるものは皆、何度も何度も生まれ変わってくるのです。あなたとあなたのペットは過去世で何回も出会っているということはあるのです。

あなたが今一緒に暮らす動物とあなたは、これまでに何度となく出会っています。

そして、中にはあなたの今世の過去で一緒に暮らした、もしくはご縁があった動物の可能性もあるのです。

そもそも「生まれ変わり」とは亡くなった猫の魂が、別の形となって、この世に戻ってくること。今生きているこの現世で、可愛がったペットとまた会えるといいですね。あなたに会いたいという猫の気持ちが、虹の橋のたもとを飛び越え、生まれ変わってくることも十分にありうるのです。

お互いにまた会いたいという気持ちが強ければ、あなたとペットの魂を持った存在とを、神さまが会わせてくれるでしょう。

猫の生まれ変わりを見極めるサイン

ここでは、今飼っている猫が、前に飼っていた猫の生まれ変わりかどうかを見分ける方法をお伝えします。ペットとしての猫が生まれ変わりを遂げたサインというものがあるので、それらをいくつかご紹介しましょう。

1　亡くなった猫と同じ特徴がある

生まれ変わったのが猫である場合、亡くなった猫と同じ色や柄、毛並み、顔立ち、目元、しぐさなどの特徴を持つことがあります。これは同じ魂を受け継いでいるから当たり前のことかもしれません。亡くなってしまった愛猫との共通点が多いことから、生まれ変わりだと気づく人も多いはずです。亡くなった猫と、毛並みも見た目も全く同じに生まれ変わることもあります。

うちのチャコの生まれ変わりのたけるは、メスとオスの違いはありますが、毛の柄など見た目はもちろん、やることなすこと全く同じで、生まれ変わりだとすぐわかりました。「猫は毛皮を着替えて帰ってくる」という伝承は、猫をずっと飼い続けている人たちから多くの共感を得ています。生まれ変わりの猫は、亡くなった猫と全然違った柄であったり、同じ毛の模様で瓜二つというエピソードも多々あります。同じ柄や色ではないとしても、仕草など生まれ変わりの猫には生前の愛猫との共通点がたくさんあるはずです。

全然違う種だとしても、絶対的な共通点が見つかったら、それはあなたの亡くなってしまったペットの生まれ変わりの可能性があると思います。飼い主にしかわからないような、ふとした行動やちょっとした仕草で、なんとなくピンとくるものがあるかもしれません。

実際に飼っていくうちに、さらに似ていることに気づくケースも珍しくありません。前の猫の癖や、鳴き方、好きなこと、好きな食べ物、体質やよくかかっていた病気まで似ていることから、愛猫の生まれ変わりだと確信することができます。

今飼っている猫が前に飼っていた猫の生まれ変わりかどうかは、やはりどこかに似ているところがあるかどうかで判断できるのではないでしょうか。

2　出会ったときにビビッと直感で運命を感じる

亡くなった愛猫の生まれ変わりの猫と再会すると、出会った瞬間に、「飼い主は直感でその猫が愛猫の生まれ変わりだとわかる」と言われています。

愛猫の生まれ変わりの猫に対しては、初対面で運命を感じることが多いはず。前世からの縁で繋がっているので、初対面でも会ったとたんにビビッと直感がきて、「この子だ！」と強く確信したり、運命的な出会いだと思ったりすることがあれば、それが生まれ変わりのサインという可能性も。

猫があなたに再び会いに来たことを、見えない何かを通じて伝えてきているのかもしれません。

こういった生まれ変わりの場合、複数の猫がいる場所で出会っても、他の猫とは明らかに違う感覚を覚えることが特徴です。複数の猫に対してこのような直感を感じるわけではありません。あくまでも生まれ変わりである猫にしか直感は感じませんので、すぐに気づくことができます。

自分の直感を信じて、愛猫の生まれ変わりを探してみましょう。

3　運命の出会いで不思議な引き寄せやシンクロが続く

猫を亡くした後は、ペットロスでつらくて他の猫を飼いたくないと思う人も多いと思います。しかし、猫を飼う予定がなかったのに、生まれ変わりに出会うと、自然と家に迎え入れ、再び猫をペットして飼うことになる場合があります。

たとえば、ふいに行ったペットショップで、もしくは保護猫の譲渡会で運命の出会いがあった、猫が突然に迷い込んできた、捨て猫を拾った等々で猫を飼う予定がないのにお迎えしてしまうということ。

これは、亡くなった猫があなたのために生まれ変わってやって来たから、引き寄せで呼んだのかもしれません。愛猫の生まれ変わりに出会うと、猫を飼う予定がなくても自然にお迎えしてしまうものです。

愛猫が亡くなった後に複数の猫がいる保護猫の譲渡会やペットショップなどを訪れて、その場所に生まれ変わりの猫がいるとついつい引き寄せられてしまいます。愛猫の生まれ変わりとは縁があるので、自然と目が引き寄せられその猫を夢中で見てしまう人も少なくありません。

他にたくさん猫がいても、なぜかその猫から目が離せなくなってしまうのです。その猫にくぎ付けでそばから離れられなくなって、結局その猫を飼ってしまうことになります。

生まれ変わってご主人さまに会いに来た可能性が強いので、直感を感じたら快く迎えてあげてください。せっかく亡くなった猫があなたのために時空を超えてやって来たのですから。

4　前から一緒に住んでいるような行動

猫は性格上、初めて会う人間には簡単にはなつきませんが、生まれ変わりの猫は、前世で既に知っている場所や人物なので馴染むのが早いはずです。

また、受け入れる家族側も初めての感覚ではないため、新しい猫がやってきても、しっくりきて、違和感を覚えることがありません。

愛猫の生まれ変わりは、まるで以前の生活リズムを覚えているような、まったく同じ行動をとるはずです。以前の愛猫とルーティンが変わらないので、以前からずっと一緒に住んでいたような感覚を覚えて、自然とすぐに家族の一員になっていきます。

5　夢の中での再会

亡くなった愛猫の夢を見るのは、それはこれからの生まれ変わりを暗示しているのかもしれません。ある意味、夢での内容は、愛猫の生まれ変わりを示唆するデジャブになることもあるのです。

目には見えない世界ですので、さまざまな解釈があり、何が本当なのかわからないかもしれません。でも、愛した猫たちは、またこの世に生まれ変わってくるということを信じていただきたいと思います。

どういう形にしても魂というものは連続しており、愛は消えることなく永遠に続くのです。

いずれにしても、飼っていた猫に対するあなたの愛情が本物で、あなたとの絆が本物なら、また会える可能性はあるのです。それがいつで、どういう見た目で再会するかはわかりませんが、あなたに会いにくる可能性は高いのです。

愛猫たちは、可愛がってくれた飼い主を忘れることは、決してありません。どんな形であれ、生きているときに大事に可愛がってもらった猫たちは、亡くなった後も飼い主に対して感謝の気持ちでいっぱいなのです。

可愛がってくれてありがとうと感謝の気持ちを訴えかけています。そして目には見えなくても、亡くなった後も、傍にいて飼い主を優しく温かく見守っています。

亡くなっても魂は永遠であり、愛は永遠に続くのです。亡くなっても飼い主とペットの心の絆は、永遠なのです。

次に、私自身が体験した「チャコ→虎吉→たける」の三代に渡る猫、チャコの生まれ変わりのとっておきのお話をいたします。

虎吉と人生やり直し

その猫との出会いは突然でした。この出会いがなければ今の自分はないくらいの人生の転機となった運命の猫。この猫がいなければ私の退院してからの本格的な人生が始まらなかった、そして今の自分を作ってくれたといえるほどの運命的な出会いでした。

二〇一六年三月三日、退院して間もない自宅療養中のある日、ふいに見知らぬ猫が玄関から、まるで自分の家のように自然にやってきました。

その猫は、まるでずっと暮らしていたかのような振る舞いで、家の中も庭もすべてを知っているかのようでした。やって来た翌日には、裏のビワの木にサッと登って写真を撮ってくれといわんばかりにポーズを取り始めたのです。

それは生前のモデル猫のチャコそのものでした。そして、チャコと全く同じく生魚のお刺身が大好き。特にマグロのトロが大好物。チャコと同じようにお刺身を食べる姿に感動しました。

その猫は、チャコとしていたことと全く同じことをして、まるで生きていたときの続きをそのまましているかのようでした。

〝優李阿ブログ〟にもすぐ載せたら、チャコかどちらかわからないくらい瓜二つ。光輪画像も凄く、チャコの再来を意味しました。チャコは三毛猫の雌でしたが、この猫も三色の三毛猫でしかも極めて珍しい雄でした。私は思いがけないこの不思議な出会いに神に感謝しました。

彗星のごとく飛び込んできた猫はチャコの生まれ変わりに他ならない――そう確信しました。この神が授けてくれた猫に『虎吉』と名付けて、その日から一緒に暮らして生活を共にするようになりました。

ここからが長い闘病生活で何もできなかった、やる気もなかった私の人生の、退院してからのやり直しの幕開けでした。

虎吉がやって来てからというもの、とても充実して、チャコといた日々にタイムスリップしたかのように、毎日がとても楽しくなってきました。これまでのように庭のあちこちで写真を撮ったり、マグロのトロを食べたり、いつも一緒にたわいもない生活を共にすることが生きがいとなって、ますます元気になっていきました。虎吉が我が家に突然やってくることで、社会復帰に向けた私の人生のやり直しが自然に始まったのでした。

虎吉は『猫たちの恩返し』の本の表紙になったチャコに負けず劣らずモデル猫としてふさわしい美しい猫でした。優李阿ブログだけでなく、虎吉をたくさんの人に見てもらいたい。そんな気持ちから始めたのが、Instagram などのＳＮＳでした。

ＳＮＳを始めるとすぐにあることに気付きます。

サイト『ペットのおうち』は、保健所に収容された犬・猫や鳥、その他の小動物などの一覧をリアルタイムに掲載し、その情報が随時確認できるというもの。全国の保健所の犬や猫の可能収容期間など単に情報を載せているだけでなく、すぐに引き取れるように、細かい連絡先なども掲載されています。

そのサイトに並ぶ『助けてください』『期限○○まで』という文字。保健所に収容された犬・猫が、カウントダウンで「あと数日で処分されてしまう」という現実の情報。彼らは、一定の期間（大体一週間位）をおいて殺処分となる。それまでの期間に飼い主や新しい引取り人が現れれば助かるが、そうでなければ、その犬・猫の命はそこで絶たれるという事実を目のあたりにするのです。

殺処分のあり方や是非について考える必要はもちろんありますが、目の前の収容された犬や猫が「あと数日で処分されてしまう」という現実のほうが重大な問題。今どうにかしないと殺されてしまうという現実を突きつけられました。

この『ペットのおうち』のような保健所収容情報を、SNSで拡散して広める人たちがいます。可能性に賭けて一人でも多くの人々に知ってもらい、一匹でも多く拡散して里親を見つけていくという仕組み。このような情報を見て「この犬・猫を引き取ろう」と思う人が出てくることもたくさんあり、命を救う大きなきっかけになります。

ペットショップなどで探していた人もそうした情報を知ることで、保健所から引き取ることもあるでしょう。こういった情報提供は、殺処分のはずだった犬や猫の里親が見つかり、命を救える機会が増えてくることにつながり、とても有意義だと言えるでしょう。

ただ可哀想だから安易に助けたいと無理やり引き取ってみても、情報とかなり違うとか、実際に飼ってみるととても飼えないからと、またしても保健所に返すこともけっこうあるということも聞きます。安易に助けたいという気持ちだけでは、反対に命を奪ってしまう危険性もあるのです。

突然やってきた我が家のアイドルの虎吉を載せようと始めたInstagramなどのSNSがきっかけで知った、保健所収容犬猫の殺処分の現実。日々更新される毎日収容されていく犬や猫たちの情報。この世の中の地獄を目のあたりにして、愕然としてしまう日々でした。

一週間程度で殺されてしまうかもしれない執行猶予がついた犬や猫たち。何も悪いことはしていないのになぜこんなことになるのか。この世の中にこんなに無慈悲なことがあるなんて……。私はこの世の地獄を見てしまった気分になりました。

私の中の「パンドラの箱」を開けてしまった……。全てを救うことはできないけれど、でも見てしまったからには放ってはおけない。何かできることからしよう。

気付いたら、私も無意識のうちに拡散する仲間に加わっていました。どうにかして一匹でも救えますように……そう念じながら、できることからすることにしました。

虎吉との突然の別れ

二〇一八年の五月は最悪でした。連休中の強風で、なんと家の入り口のノウゼンカズラの木が倒れてしまったのです。ショック。一瞬であっけなく根こそぎバッタリと。

ノウゼンカズラは一八年前の二〇〇〇年に父が亡くなり、私自身も交通事故による頭蓋骨骨折で自宅療養中のときにチャコと一緒に植えたもの。ノウゼンカズラはつる植物で、気根を出して木や壁などを這い上り、暑い盛りにひときわ目を引く濃いオレンジ色の花を見事に咲かせます。

植えた当時は、交通事故と父の死が重なりお先真っ暗でしたが、木の成長と同時に私も元気になっていって社会復帰できるようになりました。チャコそして虎吉、ブラッキー、と一緒に頑張ってきた思い出がたくさんあります。

毎年夏の間中、ずっと見事に咲いていたのに、なぜこんなことに……。

しかしよく考えてみると、一八年前に人生をやり直すために植えたノウゼンカズラの木が一瞬でなくなってしまったのは身代わり、厄落としのような気がしました。ノウゼンカズラさんありがとう。また頑張るよ。そう伝えて、気を取り直して、新しいノウゼンカズラの木を探して植えてみることにしました。

心機一転、人生やり直そう。

そう決めた矢先、その一週間後に虎吉が、神隠しのように行方不明になってしまいました。

虎吉は二〇一六年の雛祭りの日、三月三日に彗星のごとく突然にやってきました。翌日にはすぐに裏のビワの木に登ってInstagramや優李阿ブログのレギュラーに。その姿はチャコそのものでした。

突然やってきて、すぐに意気投合してちゃっかり家に入ってきました。全てを知っているかのように。でもそれは当たり前のこと。なぜならチャコは虎吉に生まれ変わったのだから。チャコは虎吉を通してやりなおそうとしていました。

虎吉がやってきてから、やはり幸運をもたらす猫だけあって、色々なことが急速に良い方向に向かっていきました。チャコがいたときのように写真を撮って撮って撮り続け、その数は万単位に及ぶほど。虎吉くんがやってこなければこんなに写真を撮ることはなかったでしょう。

虎吉がやってきてスマホに変えて画質が良くなったことで、Instagramを開始して、毎日写真を撮るのが楽しみで、不思議な画像を撮って載せる毎日が続いていきました。

私は、チャコといた頃にタイムスリップしたように、虎吉との張りのある生活が毎日楽しくなりました。益々元気になっていき、考え方もとても前向きになっていきました。

それから不思議なご縁があって、近所の中古住宅を格安の価格で購入して事務所にしたり、思い切って薬の副作用でなった白内障の手術をして視力を回復して、数十年のペーパードライバーを返上し車の運転を再開したりと、様々な大きなことにチャレンジして社会復帰を始めました。

チャコが虎吉くんに生まれ変わってから、それが生き甲斐となって、これまでの人生にない出来事が急展開で起こり始め、なんとか元気を保って人生のやり直しをどんどんしていきました。

神様、虎吉を授けてくれて本当にありがとうございます。私は毎日神様に感謝していました。

七夕には、虎吉くんと短冊に願いを書きました。

「虎吉君とこれからも楽しく元気に暮らしていけますように」

しかし、そんな願いは、それからすぐ、もろくも崩れてしまいました。

二年二カ月の間、虎吉はチャコの生まれ変わりとして、毎日モデルをしたりして楽しく暮らしていました。しかし、やってきて二年が過ぎた二〇一八年五月一〇日に突然消えて行方不明のままです。交通事故なら、誰かが目にして言ってきてくれるはず。近所の誰も目にしておらず神隠しにあったよう。

私はそれからずっと失意のどん底にいました。ブラッキーとずっとあちこち捜し歩きましたが、消息不明。二〇一八年の夏は虎吉もノウゼンカズラもない寂しく悲しいとんでもない夏になってしまいました。

虎吉がいなくなってしまったことは、私の飼い方が不適切だったと言われる方もいるでしょう。本当にそうかもしれません。ずっと自分を責めましたが、どうしようもないのです。

でも私は、虎吉はいつか消えてしまう……。来たときからずっとそんな気がしていました。普通の猫ではないような、とても儚《はかな》い感じで、崇高でキレイで汚れていない猫で、もしかしたらこの世のものではないのかと思わせるくらいの、不思議な猫でした。

チャコの生まれ変わりというよりも、もしかしたらチャコが憑依していたのかもしれません。私が立ち直るようにやってきて、お役目を終えたから、どこかに帰ってしまったのか。でも絶対、死んだ感じはしない。私の透視能力でも何が何だかわからない。

虎吉は彗星のごとく突然やってきて、お役目を終えて宇宙に旅立ったかぐや姫のように消えてしまいました。私はそれから悲しみに明け暮れて生きる気力もなく、打ちひしがれる毎日を送っていました。あれだけ写真を撮っていたのに、一切興味もなくなってしまいました。

行方不明になって、一週間後の朝方。私はかぐや姫のようにどこかに消えて行ってしまうような不思議な虎吉の夢を見ました。

私は夢の中で、玄関に立っていた。最初に出会ったときと同じように、玄関から入ってきた虎吉は、走って裏の林の霊道を駆け抜けていった。


――あなたと一緒に過ごした場所。一緒に歩いた道。

あの角を渡ればまた僕に会える。


私は夢の中で、そう言いながら猛烈な勢いで走り抜ける虎吉を、一目散に追いかけていった。追い詰めるとそこに、虎吉そっくりの小さな仔猫が並んで横にいた。虎吉だけが、悲しいような変な顔をしてニャーと鳴いて、スッと消えたところで、目が覚めました。

虎吉は仔猫になって生まれ変わってくる……。そう確信した一瞬でした。それから約二カ月後に奇蹟の出会いは突然起こりました。

それが「尊～たける～」との運命的な出会いでした。

チャコの生まれ変わり　保健所出身　尊〜たける〜

突然どこかに行って消えてしまった虎吉。悲しみに明け暮れる日々でしたが、それから二カ月過ぎたある日の朝方、また夢を見ました。

虎吉が出てきて、こっちに近づくとだんだん小さくなって最後には仔猫になってやってくる。それを私は手のひらで包み込む。

次の日もその次の日もまた次の日も、そんな同じ夢を何度も見ました。虎吉が仔猫に生まれ変わる夢を。何度も何度も同じ夢を見るということは、虎吉が仔猫に生まれ変わるサインを夢で送り続けているのだと確信しました。

それからもいつものように、夜中に『ペットのおうち』の里親募集など、保健所収容犬や猫の情報をリツイートしたりして次々と拡散していたら、ある仔猫の写真を見つけて突然、雷が落ちたような感覚がして、目が釘付けになりました。

「虎吉が、いや、チャコがこんなところにいる……」

二〇一八年七月二四日、『ペットのおうち』で運命の仔猫を発見。

雄でしたが、チャコの仔猫のときとすべてが瓜二つ。一目見てチャコが生まれ変わったと確信。ビビッときました。

翌二五日の朝一番に、山口健康福祉センター防府支所保健所に駆けつけました。案内してもらい、そのまま保護して帰りました。

生後三週間くらいのまだまだ赤ちゃん。その仔猫は夢と同じように私の手のひらに包み込まれて、そのまま我が家に連れて帰りました。

命名　尊〜たける〜

「尊〜たける〜」の名前の由来は「日本武尊《ヤマトタケルノミコト》」から取っています。「日本武尊」のように「勇ましくなってほしい」「困難にも打ち勝てる強さを身につけてほしい」そんな意味を込めました。たけるくんは、優しくてたくましい、名前通りの子になりました。

突然消えた虎吉に心の整理がつきませんでしたが、『ペットのおうち』の運命的な出会いで一転しました。チャコ、そして虎吉が尊〜たける〜に生まれ変わったのだと確信しています。

二〇一六年の雛祭りの日、三月三日に彗星のごとく突然にやってきたチャコの生まれ変わりの虎吉君は、もともとかぐや姫みたいにこの世のものではなく、神さまが連れて帰ってしまったのかも。私があまりに悲しむので、消えて直ぐに尊〜たける〜に生まれ変わったのかもしれません。

たけるに生まれ変わってこの世に帰ってきた。猫は妊娠して生まれるまでが約二カ月。虎吉がいなくなってから逆算するとそのとき点で、尊〜たける〜を身ごもったとするとピッタリ計算が合います。

我が家のプードルともすぐに仲良くなりました。まだまだ赤ちゃんで、ぬいぐるみがお母さん代わり。ぬいぐるみのおっぱい？　を飲んでいました。

何もかもがチャコにソックリというか、チャコそのものです。引き取ってから一週間が経ってもまだまだ片手に乗るくらいで小さいたけるでしたが、我が家のすべてを知っているかのように至る所を自由自在に動き回ります。あちこち行っては大騒ぎ。何にでも興味津々。

一カ月が過ぎて、生後二カ月くらいになると、ちょっと大きくなってしっかりしてきました。すでに我が家のボス、いやアイドルです。わんぱく坊主で好き放題沢山食べて大きくなりました。網戸に登るのが大好き。メチャクチャですがみんな仲良く幸せそう。

ある日、初めてたけるを裏に連れて、チャコのお墓に挨拶しにいきました。たけるは不思議な顔をしていましたが、そのときチャコと重なって見えて驚きました。たけるはオスですが可愛い顔をしていて、成長すればするほどチャコとそっくりになってきました。

そして、お墓のところの木に乗せて、ちょっと木登りをさせてみましたらサッと登りました。まだ生後二カ月位の仔猫でしたが、木に登りたがるなんて、さすがチャコの生まれ変わり。生後二カ月でモデルデビュー。普通の猫は自ら木に登ることはありませんが、さすが歴代モデル猫チャコの生まれ変わりだけのことはあります。木登りモデルポーズを決めてご満悦の表情です。あまりのモデルっぷりに圧倒され続ける毎日でした。

それから毎日木登りして生後三カ月になり、ますますモデル猫としての磨きがかかってきました。表情も豊か。たけるはモデルとしての意識が虎吉やチャコと同じように高い。成長するごとに可愛くなるたけるくんは、ちょい悪風の虎吉というよりも、ますますチャコにも表情もソックリ過ぎて間違えて〝チャコ！〟と呼ぶほど。チャコ⇩虎吉⇩たけると生まれ変わったことがよくわかります。

またある日、たけると一緒に裏の林の中にある馬頭観音様に参拝にいきました。たけるは大喜びではしゃぎ回ります。そのとき何かをジッと見つめました。神さまの出現です。それを見てたけるは立ち上がって崇めるような格好をしました。たけるは只者ではないことを再確認しました。たけるは神の使いです。

うちの裏の林は凄いパワースポットです。なぜなら神様がいらっしゃるから。誰も知らないパワースポットでは、不思議なことが普通に起こります。いつも紫色の光と七色の光に覆われています。

それから八カ月が過ぎて、生後九カ月くらいになりました。モデル猫として貫禄がついて、チャコそのもの。しつこいですが、たけるはオスですが本当に美猫に。可愛いのでチャコとますます瓜二つに。写真を見比べても、どっちがどっちだかわからなくなってしまうくらいです。

それからモデル猫デビューとして、たけるは『猫が生まれ変わって恩返しするとき』(ＫＫロングセラーズ刊)の表紙を飾ります。木に登って堂々とポーズを決める、見事なたけるの姿に、チャコと重なり涙が溢れてきました。チャコの、たけるに生まれ変わってまたやり直そうという思いがひしひしと伝わってきました。

さらに驚くべきことに、たけるもチャコと同じように、生魚のお刺身が大好き。握り寿司を買ってきて、マグロのトロだけを食べる姿は、チャコそのもの。生まれ変わりだから当たり前ですが、何もかもそっくりで改めて驚き、感激の連続でした。

たけるを引き取ってから一年が過ぎた、二〇一九年七月。

たけると外に出てふと見上げると、なんと去年バッサリ倒れたノウゼンカズラの木にその子どもが二つも育っていて、しかも一年以内なのに急ピッチで成長してたくさんの花を咲かせていました。

「見て見て、頑張ったよ。あなたも頑張って」と言わんばかりに見事な花を次々咲かせていきました。

今年はあきらめていたノウゼンカズラの花が見事に咲いてくれた。人は裏切っても植物、犬や猫は裏切らない。ノウゼンカズラの物凄い生命力に圧倒されて、私は一気に元気になりました。私はまたしてもエネルギーを得てパワーアップしてきたことを体感しました。猫と植物の癒しのエネルギーの凄さを再度実感した瞬間でした。

チャコは亡くなってからも、夢にも度々出現してきました。

「私はここにいるわ」

チャコは亡くなっても霊界から駆けつけてくれて、魂は永遠であることを体当たりで実証してくれました。

チャコが最後に夢に出てきたときは、虎猫と一緒でした。その後、虎吉が突然やってきました。それから二年二カ月後に虎吉は突然神隠しのように消えて、尊～たける～がやってきました。今思えば、彗星のごとくやってきた虎吉はチャコが憑依していた一時的なものだったのかもしれません。

チベットのダライラマみたいに「チャコ⇩虎吉⇩尊～たける～」と輪廻を繰り返して、私のもとにやって来てくれた。チャコが虎吉に、そして今はたけるに命のリレーのバトンタッチ。チャコはたけるを通して生きている間にできなかったことを再びしようとしているのが、ありありとわかります。

魂は不滅で愛は永遠に続くのです。

チャコから虎吉、そしてたけるが生まれ変わってきてくれて、また写真を撮ったり、一緒に過ごして、毎日が充実してとても楽しくなりました。私も生まれ変わったように元気になってきました。

「また頑張っていっしょにやり直そうよ」

これからもっと素晴らしい人生を送れるように、力を合わせて生きていこうとたけると決意しました。たけるもチャコと同じように、応援団長として私のそばにいつもいて、見守ってくれています。たけるは赤ちゃんからのやり直しなので、パワフルです。チャコはたけるにパワーアップして生まれ変わってくれました。

Instagramの投稿でも、たけるはよく人間みたいと言われるくらい、わざとらしく面白いことをしてくれます。表情や、やることが人のようで、猫ではないという声もよくあります（笑）。たけるくんは、インスタ映えしようと頑張ってくれているかのよう。私の心強い、なくてはならない相棒です。

たけるは保健所出身の子です。そのまま引き取り手がなかったら、命のロウソクの灯は消えて、この世にはもういなかったかもしれません。生きているからこそ、明るい未来を作っていける。毎日のように保健所には猫たちがたくさん収容されます。保健所の子たちに目を向けてください。そしておうちに迎えてあなたの愛を注いでください。愛を受けて育った猫は必ずあなたに無償の愛を与えてくれて人生が素晴らしいものになるはずだから。

これから私も生きている限り、チャコが生まれ変わった猫のたけると一緒に頑張って生きていきますので、これからも応援よろしくお願いいたします。

大我の愛でペットはこの世の愛を知る

仏教用語で、欲には「小我《しょうが》」と「大我《たいが》」という二種類があります。大我《たいが》とは悟りによって得られる絶対的に自由な在り方。小我にとらわれない境地、小我を超えて生きようとする欲求のことです。

小我とは、凡夫の我。また、個人的な狭い範囲に閉じこもった自我。本能に根ざした食欲や物欲、性欲。小我とは、いわゆる人間の煩悩です。

スピリチュアルでは、「大我《たいが》の愛」と「小我《しょうが》の愛」の二つに分けて愛を表現しています。

小我とは利己愛、大我とは利他愛のことです。大我とは、見返りを求めない愛や無償の愛、利他愛が基本です。見返りとは、物質的なことだけではなく、精神的なことも含まれます。見返りを求める愛を小我と言い、求めない愛を大我と言います。

大我の愛とは、たとえ愛情をかけてもらえなくても、自分は相手に愛情をかけられることを言います。見返りを求めずに愛情をかけられる心は、まさに大我の愛と言えます。愛されたいと見返りを求めることは小我です。

そもそも人間は、小我の魂です。魂は輪廻転生を繰り返し、この世で様々な経験を通じて、少しずつ大我に目覚めていきます。私たちが小我であるのは当然のことですが、少しでも大我に目覚めることが魂の成長になり、それが私たちの生まれてきた意味です。

ただし、他人に利益を与えて自己犠牲で生きることは大我ではありません。大我の実践は非常に難しいのです。大我の愛は「与え続ける愛」「あなたの幸せが私の幸せ」

と思える愛です。そこまでくれば苦しみも悲しみもありません。何があっても「あなたの幸せが私の幸せ」なのですから。

私たちの魂は「大我を学ぶため」に日々壁にぶちあたり、失敗を繰り返しているといっても過言ではありません。


人間の子どもが生まれるときには、再び結ばれるといった甘い話は少なく、むしろ魂が選んだ問題点を残しているからその家族を目指して生まれてきます。

そして、生まれてくる魂は、新たなる出会い、新たなる「課題」を選んで生まれてくることがほとんどで、再び会いたいというような「小我」で決めることではなく、自分にとって最も学びとなると思われるところに生まれてくるようになっているのです。

要するに、霊的世界でのカリキュラムはすべて「大我」なので、その家族は嫌などといった「小我」の力は働かないのです。

ペットに関しても同じことが言えると思います。たとえ「小我」の理由で、可愛いからとか、寂しいからと言って飼ったとしても、そこには霊界からの「大我」の力

が、ちゃんと働いていて、そのペットが突然、病気をしたりするとか、カリキュラムは必ずあります。大病を患うなどの厄介なことになったペットの方が、飼い主と前世からの縁があることが多いようです。

ペットとの出会いも、人間の子どもを授かるのと同じく、「運命の法則」が働いています。「運命の法則」が働いているということは「宿命」があって、それを「運命」に変えているということです。動物にも宿命があるのです。

たとえばうちの猫の〝たける〟について考えると、「今という時代に生まれ、野良猫の仔猫として保健所に収容された」ということが「宿命」で、その保健所収容の猫を引き出して飼うか飼わないかの選択において、「飼う」ことを自分が選んだことによって、その「動機」が「小我」だったとしても「大我」だったとしても、猫の「運命」が変わった、私が猫の運命を預かった、ということになります。

人間の子どもの魂は親の魂とは別です。肉体は繋がっていますが、魂は別なのです。ですから、子を授かるということは、自分の私有物ではなく、魂のボランティアになります。そして、人間の子供を育てるのと同じく、ペットを飼うということも、スピリチュアルな「魂のボランティア」をしていることになります。このボランティアは、動物に「大我」の愛を教えるということです。

「大我」の愛は動物にはなく、動物にとっては人間と接することが「大我」の愛を学ぶことになります。動物は人間から「大我」の愛を学ぶことによって「霊的進化」をすることができるのです。

物質的なことで言えば、猫は飼い主の「私有物」となりますが、魂では「所有物」ではなく、人間と接することで「大我」の愛を学ぶことになる、飼い主はその大切な役割を引き受けた、ということになります。

人はペットを通じて無償の愛を学ぶ

ペットの魂は、人間というものを学びながら、飼い主を助けるために来てくれているとも言われています。ペットは人間と関わることで、愛を学ぶために地球に来ていますので、野生動物とは目的がちょっと違うのです。

動物を育てることは、神様から与えられた使命で、その動物に愛情を伝え、進化させるために授かったものだと言われています。

ペットとして飼われる犬や猫は、もう少しで人間になる進化の途中の状態ともいえるのです。ペットは人間に飼われて愛情を受けながら育つうちに、徐々に愛情を感じ取るようになり、ペットからも愛情を返そうとするようになります。

愛を知ること、これこそが動物の魂の向上において必要不可欠なことなのです。人間に愛情を返すことができるようになると、動物の魂はどんどん進化していきます。経験と感動の積み重ねが本当に相手を思う気持ち（愛）を育み、自分の霊性も向上させてくれるのです。動物には「小我」しかなく、「大我」がないのです。そして、人間と接することにより「大我」の愛を学んでいくのです。

現世で生きている私たちは、「大我」と思っていることが「小我」であったり、相手のことを思って悲しんだことが実は自分のために悲しんでいたりします。私たちは完全ではないのです。だから、再び生まれてきて様々な課題に取り組んでいるのです。

最初は、自分が悲しくて、亡くなったペットと会えないのがたまらなくて、涙がこぼれてきたと思いますが、だんだん自分の気持ちが変わってきて「大我」の愛から涙がこぼれてくるのが実感できると思います。それが、動物に「大我」を教えているということなのです。

逆に、これが「大我」の愛なんだ！　と教えられた気持ちになるかもしれませんが、あの世は次元が違うので時間も空間もありません。ですから、現世で思ったことは、あちらの世界にも必ず届くのです。

亡くなった子を思うと辛いでしょうが、いつまでもくよくよしていても良いことはありません。なるべく早く、新しい仲間になるペットと暮らして気持ちを切り変えることをお勧めします。早く元気な気持ちになることです。

人間がペットを育てる理由は、ペットの進化を助けるためです。それは神様から与えられた使命だと言われています。ペット（動物）というかたちでこの世に誕生し、人間から愛情を注がれることで、ペットは「愛」を知ることになります。この愛こそが、動物だけでなく人間も含めて、魂を向上させるのに必要不可欠なものなのです。

愛があれば、許すことができます。愛があれば、見返りを求めずに相手に与えるこ

とができます。愛は全ての原点であり、最終的には愛で全てを包括することができます。ペットは飼い主から愛情を受け取ることで、愛情に温かさや豊かさを感じることができるようになります。人間に飼われて初めて、「愛」を知るのです。

一度愛を知ると、自ら意味もない争いをしようとしません。愛を覚えることで、飼い主が喜ぶ顔をみると「嬉しい」と思うようになるのです。ペット自身は自覚していませんが、これがペットからの愛にほかなりません。

愛情を深くしっかりと受け取ったペットは、飼い主が喜ぶ顔をみるたびに、自分の中の愛情が大きく膨れ上がるのを実感するようになります。そして、徐々に飼い主だけでなく、他の人間や動物にも愛情を持って接するようになります。人間はペットに愛情を与えてペットからも愛情を受け取る、これはペットの進化を早めることにもなります。

あの世にいってから一定時間が過ぎると、ペットは生まれ変わると言われています。これは、ペット毎に、それぞれの魂の段階で変わります。ほとんどのペットは、ある程度の期間が過ぎたときに、自然と魂を進化させるために自ら生まれ変わることを選びます。

ペットは人間の子どもに生まれ変わるためには、色々な愛に触れ、多くの経験を積む必要があるのです。ペットであった前世の記憶は、この世に人間の子どもとして誕生したときには、すべて消されてしまいます。それでも、魂の進化のために、また愛情を受け取りにこの世に降り立ちます。

ペットの魂は、人間というものを学びながら、飼い主を助けるために来てくれているとも言われています。ペットは人間と関わることで、愛を学ぶために地球に来ていますので、野生動物とは目的が異なります。人間が動物を育てることは、神様から与えられた使命で、その動物に愛情を伝え、進化させるために授かったものだと言われています。人間に飼われていた動物は、愛情を知り、知恵をさずかり、進化して、人間の子供として生まれ変わります。

ペットを飼うのも子育てと同じ。無条件の愛情と、ありのままを受け入れ、信頼する、それは言葉で言うのは簡単ですが、実行するのは自分自身を見つめなくては難しいことだと思います。

魂のボランティアを引き受けたことによって、自分にも魂の成長の機会を与えても

らっているのだと思っています。ペットを人間が飼う意味や飼われる意味、そしてあの世でどう過ごすのかを知っていただけたことで、今いるペットへの接し方やあの世に旅立ったペットへの気持ちが少しは整理できたのではないでしょうか。

ペットを飼うということは、神様から託された大切な役割です。愛しいペットの進化をとめるようなことがないように、ペットと一緒に、魂の進化をしていけたらいいですね。

私の愛おしいわが子も、あなたの愛おしいあの子も、あの世で様々な過ごし方をしています。

愛情を与えた分、ペットは進化していきます。そして、愛情を与えている私たちも、ともに進化していきます。争いのない世の中を目指して、この世もあの世と同じくらい、素晴らしい世界にしていきたいものです。

第7章

受難の野良猫たちを助けるほど幸せになる

受難の野良猫

野良猫は野外で過酷な生活を強いられています。ここでは、人に飼われて幸せになるということについて、寿命という観点から考えてみます。

自由な生活を謳歌しているように見える野良猫の寿命は、飼い猫と比べてはるかに短いのです。野良猫の平均寿命は三～五歳程度だと言われていますが、実際はもっと短いはずです。一方、飼い猫の平均寿命は一五歳。なかには二〇歳を越える飼い猫もいます。

同じ猫でも、野良猫の寿命は飼い猫よりもおおよそ一〇年短いことになります。特に野良の仔猫の生存率は二〇％以下と、かなり厳しいと言われています。野良猫と飼い猫でこんなにも差があるのはなぜでしょうか。

飼い猫と野良猫との一番大きな違いとして、主に野外で暮らしているという環境があげられます。屋外は当たり前のことですが、夏は暑く冬は寒いうえ、雨風をしのぐ場所を見つけるのにも一苦労です。

特に冬の間は、雪が降って凍結し、寒さをしのぐ暖かい場所が見つけられずに、可哀想に命を落としてしまう猫も多いことでしょう。夏から秋に生まれた仔猫で、まだ小さいまま冬を越す状態であれば、なおさら命の危険があります。仔猫だけでなく、病気やケガなどで体の抵抗力が弱まった成猫にも、冬の寒さや夏の暑さは大敵となります。

野良の仔猫は天敵に狙われる機会が多く、カラスに捕られて命を落とす仔猫の話はよく聞きます。猫の天敵である動物には、カラス、蛇、キツネ、タヌキ、サル、アライグマ、イタチ、猛禽類などが挙げられます。ある意味、人間も天敵になるのかも。野良猫にとっては、自分たちを害獣扱いして捕まえて殺処分してしまう存在なのですから。

外で暮らしているということともつながりますが、野良猫の生きる環境には危険がたくさんあります。まず、車による交通事故で命を落とす野良猫がたくさんいるということです。

野外猫ロードキルという言葉をご存じでしょうか。野外において交通事故などで亡くなる猫のことを言います。全国野外猫ロードキル調査報告によると、愛護センターで殺処分される猫の数より、野外で交通事故によって亡くなる猫がはるかに多く、八〜一〇倍を超える数字が出ています。

ロードキルは野良猫以外にも、飼い猫の外飼いや、もともと家で飼われていた猫が捨てられて、外のことをよくわからないまま交通事故にあって亡くなるということもたくさんあるでしょう。また、冬であれば、暖かさを求めて危険な車の内部に入り込んでしまい、怪我をしたり命を落としたりする可哀想な野良猫もいます。

加えて、人間によるいじめや虐待なども、悲しいことですがよく耳にします。猫を害獣と考え、毒のある餌を置くような心ない人間もいます。こういった人災も野良猫の寿命を縮めている一因です。

そして、あたりまえかもしれませんが、野良猫はいつも食料を得られるわけではありません。野良猫が食料としているのは、主にネズミなどの小さな哺乳類や昆虫、小鳥、カエルなどの両生類やヘビなどの爬虫類と考えられています。近くに野良猫に餌やりをしている人がいれば、フードなどをもらえることもあるでしょう。しかしこれらはいつも手に入るというわけではありません。毎日の食料の確保が難しい状況が、野良猫の寿命に影響を与えていると考えられます。

さらに、野良猫はケガや病気をしても飼い主さんが動物病院に連れて行ってくれるわけではありません。適切な処置を受けられなければ、命を落とすリスクも高くなります。病気予防のためのワクチンを受けることもできないため、野良猫は病気にかかりやすいともいえます。そもそも野良猫は飼い猫に比べて病気やケガをする可能性が高いうえに治療も行われないため、平均寿命は飼い猫と比べて短くなりやすいのです。

このように、野良猫の生存率と寿命が低い原因は、野外特有の過酷な環境にあると言えます。野良猫は自由奔放に生きているように見えるかもしれませんが、絶対そんなことはありません。いつも生死と隣り合わせの過酷な厳しい環境で生き抜いています。そのために寿命が飼い猫よりも短くなってしまうのは当然のこと。

野良猫に餌をあげたり、保護活動をしたりと、色々な行動をしている方々がいます。その行為が野良猫にも人間にも良いことかどうか、状況により答えは様々です。もし、野良猫を家族に迎え入れられることができたら、それが猫の寿命を延ばし、幸せな猫生につながるのは事実です。

もし野良猫を本当に助けたいなら、自分自身で保護するのが一番現実的で確実です。保護したらただちに動物病院へ連れて行き、避妊去勢手術をし、最低限度の検査と治療をして、生育環境を整えることが大事です。

自分自身で保護できれば生存率は大きく高まり、野良から家猫になると、データ上では寿命も三～四倍までに伸びると考えられています。

ただし猫を保護するにあたっては大きな責任がともなうため、慎重に判断しましょう。一度保護したなら再び捨てると動物の遺棄となるため、最後まで飼育するのは大前提ですが、里親を募集するのであれば見つけるまで責任を持つ必要があることは言うまでもありません。

実際、個人で責任をもって保護されて最後まで面倒を見られるような奇特な方はまれですが、こういった命を大切に思う心構えがある人が増えることが、可哀想な野良猫を少なくしていく、確実な術だと思います。

野良猫もですが、もともと人間に飼われていた猫が野外に捨てられるといった捨て猫が生きていくことは、もっと難しくなります。もともと飼い猫である捨て猫は、野良猫のルールを全く知らず、新参者は受け入れてもらえません。居場所を見つけることすら難しいのです。

他の猫の縄張りであるにも関わらず食べ物があれば食べに行ってしまい、勝手に縄張りに入ってきて無事にすむわけはなく、野良猫に喧嘩で追い出され、体は傷だらけとなってしまいます。誰も助けてくれないので治療法はなく、傷は悪化していってしまいます。

また、傷がもとで感染症にかかる恐れもありますし、猫エイズなどウイルスに感染する恐れもあります。普段、飼い主さんからフードをもらっていたもともと家猫だった捨て猫は、自分で食べ物を確保する術を知らないので、食事もろくにとれず、体力もどんどん消耗してしまいます。猫の縄張りに近づけないため、ゴミ捨て場を荒らすことも。

そうしたら、今度は人間に追い払われることとなってしまいます。また、食べられる物と食べられない物の判別の仕方も知らないので、誤って口にしてはいけないものを口にしてしまい、下痢や痙攣などの中毒症状を起こしてしまう可能性も高く、最悪、毒を食べてしまい亡くなってしまう場合もあります。このように食べ物確保ができないので、栄養不足で免疫力が低下します。その結果、病気になったり、感染症に侵されたりすることになってしまいます。

もともと飼い猫だった捨て猫は人に慣れているので、人に甘えたがる馴れ馴れしい子も多いです。それがあだとなって毒を与える人間もいれば、虐待目的で連れ去る人間もいるのです。

悲しいことに、こういった事件は実に多い。保健所の人に保護されたとしても、捨て猫は飼い主さんが迎えに来ないことがほとんどで、新たな里親さんが見つからなければ、殺処分という最悪な事態になってしまいます。飼い猫は捨てられたら生きていけません。

飼い猫を捨てるのは、犯罪です。動物の遺棄は犯罪なのです。動物の愛護及び管理に関する法律が制定された当初から、きちんと罰則があります。

「動物愛護法 第四四条」において、愛護動物を遺棄した者は、一〇〇万円以下の罰金に処するとされています。実際に、逮捕や書類送検され、報道されたケースもあるのです。また、野良猫であっても「愛護動物」として動物愛護法で守られています。野良猫の虐待行為も言うまでもなく、犯罪です。ですが、まだまだ日本では動物の遺棄が犯罪であるという認識は薄く、逮捕・書類送検された例はほんのごく一部であるのが現状です。

海外では、日本よりも重い罰則を処される国が多く、アニマルポリスと呼ばれる動物を虐待から守るための活動をしている公的団体もあります。日本は動物愛護という面では世界の中でもかなり遅れているというのが、悲しいですが現状なのです。

何度も言いますが、外で暮らす飼い主のいない猫の生活は過酷です。野良猫は短命です。実際問題、たいていは一年もつかもたないかで死んでしまいます。野良猫に九生はありません。与えられた環境をただ必死に生きて生き抜いているのです。これは統計ではなく、私がこれまで野良猫たちと向き合ってきて実感することです。

暑い夏や寒い冬も外で帰る家もなく、面倒を見る人もいない。食べるものもなく、交通事故にあっても病気になっても誰も助けてくれない。虐待されたり、毒殺されたりしても、今の動物愛護法では、ほとんどが刑罰にはならない。捕まったら殺処分。生きとし生けるものが、怪我や病でなく老衰でもなく、この世から消えて行くことに憤りを感じます。

殺処分される命を減らすためには、飼えないにしてもTNR（野良猫を捕獲して避妊、去勢手術をして元の場所に戻す）という方法があります。野良猫問題に向き合わなければ殺処分数が減らないことに気付いて欲しいのです。

無責任な飼い主による多頭崩壊も相次ぎ起こっていて、飼い犬、飼い猫ともに避妊、去勢手術をして繁殖制限をすることで殺処分される犬猫を減らすことができます。

可哀想な猫たちを増やさないために、どうか外の子にも庭に来る子にも避妊・去勢の手術をしてあげてください。そして見守ってくれると嬉しいです。だって彼らは、過酷な外ではほんの一、二年か三年しか生きることができないのですから。避妊去勢手術をすればもう増えることはありません。どうか、一代限りの猫生を見守ってあげてください。


可哀そうな猫たちがひとりぼっちで泣いています。

野良猫も捨て猫も私たちと同じように一生懸命に生きているんです。

私たち人間と同じ大切な命。

彼らのような寂しい命にほんのひとかけらの優しさを分けてください。

虐めないで、優しくしてください。

もう少し大きな心で、小さな一生懸命に生きている子たちに温かい手を差し伸べてあげてください。

お願いします。我々人間と同じ命だから。

不幸になるために生まれてくる命などありません。

みんな幸せになりたくて、この世に生まれてくるのです。

色々な形で不幸な猫たちがたくさんいます。

猫は出会う人間によってその一生が決まります。

外の世界で明日をも知れない命は不幸な命。

でも、人の手に入れば、幸せになれるかもしれない命。

野良猫や捨て猫たちのことをよく知り理解して、きちんと最後まで愛情を持って飼ってくれる飼い主が増え、一匹でも多くの猫たちが救われますように。

不幸な猫を助けるほど人生が好転

これまでの著書にも書いてきましたが、小さい頃から病気がちで、なかなか思うように人生がうまくいかなかった私にとって、たくさんの猫たちに助けられ支えられたおかげで今がある、といっても過言ではありません。

小さいころから身の周りにいる野良猫や捨て猫をとりあえずすべて保護して、できることはどうにかしてすべてやっていました。周囲には私しかいなかったので誰にも頼れず、いつも自分で保護するのが当たり前でした。

そのときそのときで保護しておかないと、後で可哀想な結果になっては必ず後悔する。後悔だけは自分の中で絶対避けたいと心に決めていました。価値観が全く違う人たちは、猫がよっぽど好きなんですねといった感じに言われます。

経費も労力もかかり、猫が好きくらいではできないことは、実際に保護している人たちにはわかることですけれど。

振り返ってみると、助けたつもりが自分の方が救われていたのだということに、今更ながら気づかされます。ずっと支えてきてくれた猫たちは数知れませんが、私の心にしまっておいた、誰にも言ったことのない、恩返しをしてくれた野良猫の話があります。思い出すだけでも胸が苦しくなるので封印していましたが、今回お話しすることにします。

当時、病気のため一〇年遅れで入った、家から通える国立大学に自転車で通っていましたが、年齢が離れ過ぎていたせいか、今どきのドライで自分本位な大学生と話がほとんど合わず、必要以上には大学に行きませんでした。

キャンパスの裏にはたくさんの野良猫がいて、大学に行くのは、半分猫たちに会いに行くようなものでした。

可哀想とも思わないのか学生はほとんど猫に興味がなく、その猫たちは掃除のおばさんや職員の方々から、たまにフードを貰ったりしてどうにか生きていました。環境もとても悪く、栄養失調からくる猫風邪か、眼は大体皆おかしく、見るからに虚弱な感じの子ばかりでした。

　成猫も仔猫上がりくらいの大きさくらいしかないのも多く、一年以内にはいなくなってしまうという状況でした。やはり野良猫は受難であることを目のあたりに痛感。我が家にも猫がたくさんいたので、そこでできることはしようと決めていました。

　その後、事件が起こります。入学当初、たくさんいた野良猫たちが、みんな同じように皮膚がただれて、数カ月のうちに半数以上一気にいなくなるという非常事態が起こりました。体中ただれて、毛がほとんどなくなり、しわしわの皮膚になっていきました。体全身がやけどみたいにただれた子は次々と姿を見せなくなっていきました。全身やけどみたいな感じで亡くなっていったのだと思います。

　どうにかしないといけない――。


　当時、私も顔の右側がただれる皮膚の病気になって治療していて、何だか自分と重なって他人事ではありませんでした。自分の皮膚病も尋常ではなく、皮膚科をたらい回しで調べてもらっても、なかなか原因がわからず、どんどん酷くなって、顔右半分がお岩みたいに熱をもってとても痛く、赤黒くなってしまいました。

半年以上たってようやく診断がつくと、深在性ループスという病気からくる難治性の皮膚病で一生治らないかもしれないと言われ、かなりショックでした。炎症を抑えるしかないのでまたステロイドの点滴攻めでしたが、まったく効かず、人に見られるのが嫌で、いつもマスクをしてうつむき加減で人目を避けて隠れるように生きていました。色々病気をしてきましたが、目に見える顔の症状は精神的にとことん追い詰められました。


でも、この猫たちをどうにかして助けなければならない。このままだとみんな死んでしまう。まずは、何の病気か診断してもらおうと、知り合いの獣医さんのところに猫たちの写真をもっていくと、疥癬に違いないと言われました。良心的な先生で、この状況を聞いてとても安く薬をくださったので、牛乳に混ぜて、何度か期間をおいて飲ませました。この薬はとてもよく効いて、残っている猫たちは毛が生えてみるみるうちに回復してきました。

当時、そこでとても可愛がっていた猫がいました。ミミと呼んでいたグレーの雌猫で、一歳くらいの猫でしたが、虚弱で生後三カ月くらいの大きさしかありませんでした。その猫の疥癬はとてもひどく、毛はほとんどなくただれていましたが、少しずつ毛も生えて体力もついてきました。

捕まえて家に連れて帰ろうと思いましたが、すばしっこくて捕まえられませんでした。触れませんでしたが、薬はしっかり飲んで、皮膚が再生してとてもきれいになって、とても嬉しかったことを覚えています。

ある程度猫の疥癬の治療を終えたころ、私は夏休みの期間に集中治療のため入院することになりました。すると、あまり期待していませんでしたが、思いがけず新しい薬の効果が出て、ウソみたいに炎症が引いて治ってしまったのです。二年間治らなかったひどい皮膚病がこんなに簡単に治るなんて。思いもよらないできごとに驚いて、感謝の気持ちでいっぱいでした。

入院して二カ月近く大学に行けずにいたので、帰ったらミミをどうにかして家に連れて帰ろうと思い、退院してすぐにいつものキャンパスの裏に行ってみましたが、どこを探してもミミがいません。授業があるので、夜また探してみようと思い、外に出たら、暗闇の中にミミがちょこんと座って待っていました。

「ミミ！　良かった～。うちに一緒に帰ろう」

捕まえようとすると、ミミが走って逃げるので、急いでついていきました。追いかけていくと、変な猫道みたいなところを通って、とても狭い建物と建物の間に入っていきました。ミミがそこでようやく座ってくれたので、こっちへおいでと捕まえようとすると、笑ったような顔をしてスッと消えていきました。そのとき、聞こえる声ではない想念で、心の中に突き刺すような感じで確かに聞こえました。

「ありがとう。良かったね」と……

私は懐中電灯を持っていたので、下を照らして見て愕然としました。そこにはちょっと前に亡くなったであろう小さなグレーの猫の亡骸があったのです。死体となってしまったミミでした。触れるのは最初で最後。蜘蛛の巣にまみれていましたが、疥癬は良くなって、毛はふさふさでした。虚弱だったので何かほかに病気があったでしょう。夏の暑さに耐えられなかったのか。可哀想に。

亡くなっても幽霊となってお礼を言いに来たのだ。何でどうにかしてでも捕まえて早く連れて帰らなかったんだろうと、後悔の念で涙が止まりませんでした。

そのときふと、ミミが亡くなったのと私の皮膚病が良くなっていく時期とが一致していることに気づきました。もしかしたら、自分の難治性の皮膚病が急に治ったのは、ミミのおかげかもしれない。そうでないと治るはずがない。

ミミがあの世に一緒に持っていってくれたんだ。そう確信しました。一歳になったかならないかくらいで、野良猫のまま暖かい家庭も知らず亡くなってしまったミミ。ミミの亡骸をうちにもって帰って埋めることにしました。そのとき私にしてやれることはそのくらいしかありませんでした。

「好きで野良になった訳じゃないのに、頑張って生きたのにね。楽しいこと、嬉しいことが一つくらいはあったの？」

「こんな小さな虚弱な体で、よく頑張ったね。今度は飼い猫で生まれ変わってくるんだよ」

私はミミの亡骸にそう伝えながら、裏庭に埋めてやりました。涙が溢れて止まりませんでした。そのときは頭が混乱して、今回のこともこれでいいのか悪いのか、正しい答えは自分でもわかりませんでした。ひとつだけハッキリ言えることは、自分がしていることは優しさや善意ではないということです。自分が助けたいと思ったから、助かって生きていて欲しいと願ったから。自然にしていたまでのことです。

心に体に傷を負った子には、苦しみだけではなく、楽しいこと、嬉しいこと、生きている喜びを知って欲しかった。私は、ボランティア活動者ではなく、犬猫が可哀想だからと動いている善人でも偽善者ではありません。野良猫に生まれたとしてもどうにか生きて欲しい。ただただ、その願いから行動しているだけだと思います。


この話を、ミミのことを唯一知っている友人にだけ話したら、

「猫は亡くなるときに、飼い主の不幸を持てるだけ持って行こうとするんだって。ミミちゃんは、唯一可愛がってくれたあなたの病気を一緒に持って行ってくれたんだよ」

と言いました。

ミミは飼った猫ではありませんでしたが、自分が亡くなるときに、私の一番の悩みの病気も一緒に持って行ってくれたんだろうと思います。

それから、私の難治の皮膚病は再発することなく、その後は無事に大学も卒業でき

ました。

すべてはミミのおかげ。助けたつもりが助けられたのです。

これまで出会った猫たちも、私の人生の転機や危機と大きな関わりを持っていました。ご縁のある猫は、みんな使命をもって生まれてきた、必然で出会った、神が授けてくれた猫なのだと実感しています。

そして私も、できることはして使命を果たし、亡くなった猫や犬たちと一緒に、たくさんの試練を乗り越えていきました。いつも転機を迎えたときにはそばに動物たちがいて、私自身、動物たちの助けがなければ、色々な修羅場を乗り越えることはできなかったと言い切れます。

こんな死にかけの病人でも救うことができるのだから、元気な人はもってのほかです。どうにかしようと思えばどうにかできるはずなのに、見ても見ぬふりでする気さえもない人がほとんど。どうにかできることはしようとする姿勢が大事です。価値観の問題ですが、やる気と行動があると必ずどうにかなるものです。

私はこれまでの経験から、不幸な野良猫たちを背負えば背負うほど、不思議なほど運気が回ってきています。大変なことを承知で絶対に引き取り手がない犬や猫を引き取ったあなたには、負を背負った野良猫たちが隠し持っている大きな陰徳が因果関係で巡り巡って返ってくる。神も仏もあなたに賛同し、この犬や猫たちと同じように死ぬか生きるかの切実に困ったときに、その意味を教えてくれるでしょう。

医者にも身内にも見捨てられ、あの世から這い上がった、今も生きている私が身をもって経験した者なのだから。

神が教えて下さったその意味を、命あるものへの善行の意味を、現実の世界でいま噛み締めて生きて、この世で生きている限りはその恩返しをできるだけはしたいと思っています。

境遇が不幸な犬や猫ほど運を持っています。思い切ってその大きな負を救うことは、陰徳となって、あなたに大きな幸運がもたらされるはず。そして幸運の連鎖は続きます。

神はよく見ています。どうか一匹でも恵まれない犬や猫を救ってください。それはあなたにとっても、人生を大きく変えるくらいの出来事になるのですから。

野良の仔猫タッキーとの出会いと悲しいお別れ

私の身近で起きた最近の出来事で、野良猫の悲しくて切ない、でも不思議ですがハッピーエンドな結末となったお話をご紹介いたします。

事務所を購入して以降、野良猫たちがやってくるようになりました。二〇二二年、事務所の隣の土地が手に入り、庭にウッドデッキを作ったばかりのころ、初めてのとても可愛いお客さんがやってきました。

タッキーとの最初の出会いは忘れもしない二〇二二年の私の誕生日、八月二四日。生後二カ月か三カ月くらいの小さなハチワレの仔猫でした。でも、その可愛い仔猫は突然どこからともなくやってきて、たったの三カ月で駆け抜けるようにこの世からいなくなってきました。

あまりにも可愛すぎる仔猫との出会いからわずか三カ月後の衝撃的なお別れはショック過ぎて、精神崩壊するほどの最悪な出来事でした。ＰＴＳＤみたいに何度も何度も、衝撃的な出会いと別れの三カ月間が走馬灯のように脳裏によみがえり、私を苦しめ続けました。

自宅の近所に購入した中古住宅を事務所にしたのは、二〇一六年五月。真裏が大きな川で、その橋の下方の家だったせいか一〇年以上売れなかったそうですが、ある日突然、執筆や物置用の事務所として中古住宅を買おうと思って、ネットで検索したら飛び込んできて、次の日に突然購入が決まった家です。

この家と私は非常に縁があると実感したのは、この家が〝猫屋敷〟と呼ばれていたからです。その事務所は、色々な野良猫が次々やってくるたまり場、つまりパワースポットでした。この家にご縁があっていらっしゃった人たちには、出世したり、商売が繁盛したり、希望の進学校に合格するといった、願いが叶うミラクルが起こりました。そのため、運気がアップする開運の場所と密かに噂されるようになりました。

タッキーは事務所の辺りで生まれた野良猫の仔猫の一匹でした。とても綺麗なハチワレ猫で、タキシード柄でしたので、当時はオスと勝手に思い込んで〝タッキー〟と名付けていました。

事務所に来る野良猫たちは、なかなか捕まえられませんでした。自宅の猫と同様、捕まえたら避妊去勢手術をしていましたが、捕まらなかった猫は、いずれ来なくなりました。やはり、野良猫は生きていくのが大変なのだと痛感しました。

特に仔猫は何匹か見ましたが、成猫になるまでは様々な困難があって生きられないのです。生後二カ月過ぎた野良の仔猫は、すばしっこくて捕獲器でもなかなか捕まりません。他にも仔猫が茶白と真っ黒の仔猫がいましたが、来なくなりました。亡くなったのだと思います。野良猫は本当に受難者です。


そんな中、仔猫のタッキーは徐々になついてきて、だんだん近づいてくるようになります。夏にやってきて、秋になると私の周りをウロウロするようになって、餌を目の前で食べるくらいまでになりました。私はタッキーを捕まえようと、慎重になりました。ちゅーるを与えるとかなりなつき、ちょっと触れるくらいになってきました。

二〇二二年の一一月を過ぎたころです。寒くなる前にタッキーをどうにか捕まえて、自宅の猫ハウスに入れよう。早くしなければいけない。一刻も早くこの猫を捕獲しないと、絶対後悔する。この仔猫は消えてしまう。なぜかそんな予感がして、タッキーを早急に捕まえることを決行したのです。

ところが、一一月二九日、恐ろしい運命の日がやってきます。

タッキーは夕方五時半に一度やってきました。でも、そのときはお客さんがいらしたので捕まえられず、おやつ程度を与え、またご飯を食べに来られるようにしました。しかし、その後もなぜか妨げのように、次々と人がやってきたり電話がかかったりして、なかなか捕まえる準備ができません。

焦りに焦りまくり、次のお客さんが来る前に捕まえよう。次に来られる方は保護猫を飼われているから、頼んだらきっと一緒に捕まえてくれるはずだ。そう決意した瞬間、次のお客さんが青ざめた顔をしてやってきました。そして、一生忘れられないことを言われました。

「ちょっと向こうの道路の脇で仔猫がはねられて死んでいたよ」

頭を殴られたようなショックと驚きでした。すぐさま、タッキーでないことを祈って恐る恐る聞いてみました。

「その事故にあった仔猫は黒白ではないでしょうね？」

「暗かったからよくわからないけど、黒かったよ」

そう言われた瞬間、タッキーだと確信し、事故現場に走って行ったら、五〇mくらい先の道路わきのお店の駐車場入ってすぐのところに横たわるタッキーの姿が……。

事故の直後だったみたいでした。

「わー!! タッキー!! タッキー!! 嘘でしょう。起きてよ。うちに一緒に帰ろうよ!!」

私は、血だらけのタッキーをすぐさま抱きしめました。タッキーを抱きしめたのは、最初で最後でした。本当に事故直後でしたが、タッキーは腕の中で息を引き取ったと感じました。抱っこしたときタッキーは手を握りしめていて、まだ生きている感じがしました。でも次の瞬間身体が緩み、おしっこが流れ出たので、その瞬間魂が抜けて亡くなったのだとわかりました。きっと私に看取られたかったのだと思います。つい今さっきご飯を食べて生きていたのに。

亡くなるとき、タッキーは抱き上げた私に抱っこされて、熱いものが込み上げて手をギュッとしたあと、おしっこして身体が急に冷たくなりました。そのとき、私の中に入って来たような感覚がしました。タッキーは亡くなったとき私の中に入って一心同体になったのです。いつも一緒にいるような感じがしました。

ようやくなついて捕まえて自宅に連れて帰ろうとした矢先に、あり得ない暴走をした車に突っ込まれ、二〇二二年一一月二九日一九時半過ぎに、タッキーは亡くなってしまいました。

たまたまお客さんがやってこられて、白黒の猫が倒れているのを目にしたことを聞いて私が駆けつけたというものすごいシンクロ。これも振り返ってみればタッキーが私に看取ってほしかったからだと思います。


歩道の端っこで私がいる家に急いで帰ろうとしていたら、運転手がよそ見して歩道にはみ出し暴走した車にはねられた。私の透視によると黒い軽自動車で若い女性。ものすごい速度でタッキー目指して突っ込んで、即死したタッキー。

家に電気がついていて私が家にいるのを見つけて、いつもの道を通って帰ろうとしていたら、無惨にもはねられた。猫が道路に飛び出したのならまだしも、暴走車が猫めがけて駐車場に突っ込んで即死とは。こんなこと本当にあるの？

運命だとしても、とんでもない不注意ではねた人物を許せません。はねたのが人だったら逮捕されますが、野良猫だったら罪にならない。猫をはねたのはわかっているでしょうに。ロードキルの野良猫の現実に直面し、私は驚きと突然突き付けられた耐えられない現実を受け止めることができませんでした。

今日こそは自宅に捕まえて帰ろうと思った矢先に、事務所の前の道路わきで跳ねられて亡くなってしまったタッキー。まだ生後半年過ぎくらいのあどけない小さい猫。仔猫のときから野良猫だったから、車には十分気をつけていただろうに。なんでこんなことになるの。なぜもうちょっと前に捕まえなかったのだろうかと、それからずっと自分を責め続けています。

タッキーの亡骸を、事務所の庭に建てたばかりの馬頭観音様の祠の横に埋葬することにしました。タッキーとは仔猫だった夏のころからの付き合いで、ようやくなついて、我が家の猫ハウスに第一号で入る予定でしたが、こんなことになるなんて。寿命か運命なのかもしれませんが、助けられたはずの命。本当に残念無念。どうにか助けられたであろうと悲しみに打ちひしがれ悔やむ毎日。突然消えたタッキー。なぜもう少し早く助けなかったのか。私はずっと自責の念に囚われ、後悔の毎日。私が一番忌み嫌う後悔が続きました。

浄土真宗本願寺八世蓮如が記した『白骨の御文』の中に、〝朝に紅顔ありて夕べに白骨となる〟という有名な言葉があります。この世をわがもの顔に誇る若者の血色のよい顔も、たちまちに白骨となって朽ち果てる。生死の計り知れないこと、世の無常なことのたとえですが、まさにこのこと。誰しもいつどうなるかわからない。今は元気でも、次の瞬間には死んでしまうかもしれない。

まさに生と死は紙一重。突然に襲いかかる災難、事故や病気、自然災害などで、急に亡くなることもあります。一期一会、一瞬先は闇。タッキーの死を目のあたりにし、痛感しました。

タッキーの突然の死を通して、命の有限性と、今この瞬間を大切に生きることの重要性を突き付けられました。

でも、悔やんでばかりでは意味がない。それから私は絶対に後悔しない生き方をすることを誓いました。

「たくさんの思い出ありがとう。またすぐに生まれ変わって来るんだよ！」

私は亡くなったタッキーにそう伝えるしかありませんでした。

家猫として我が家に生まれ変わったタッキー

タッキーが亡くなって一カ月近く経った、二〇二二年のクリスマスイブの夜、事務所にいますと、不思議なことが起こりました。

玄関で猫の鳴き声がしたので飛んで出て行ったら、何と大きなサビ猫が座っていたのです。そのサビ猫はタッキーをはじめとする今は亡き野良の仔猫たちのお母さんでした。クリスマスにタッキーにと用意していた美味しいご飯のお供えをお墓に置いていたら、代わりにやってきたのが、タッキーのお母さんのサビ猫でした。

玄関からタッキーのお墓に向かって行くので私はその猫を追いかけました。そのとき馬頭観音さまの祠がまばゆいほどの不思議な光を放ちました。タッキーと馬頭観音さまが一緒に何かを祝福してくれているのがよくわかりました。それからすぐ、タッキーのお墓のところでサビ猫は消えました。タッキーのお母さんは何かを告げにきたか、挨拶にきたように思えました。

その日のクリスマスイブの夜、私は夢を見ました。

サビ猫の横に小さいハチワレ猫がちょこんと並んで座っている夢を。

そのとき、タッキーはまた同じサビ猫のお母さんの仔猫として必ず生まれ変わって来ると確信しました。

生まれ変わってくるであろうタッキーに、夢の中で伝えました。

「生まれ変わってもわからないと困るから、そのままのハチワレ猫で生まれ変わってちょうだい。しかも全く同じ柄にね」と。

そして、一番大事なことを伝えました。

「今度は飼い猫で生まれ変わってくるんだよ。できれば最初からうちにおいで。やり直して今度こそ楽しく一緒に暮らそうよ」

私は、タッキーにそう伝えました。

夢の中でタッキーは「ニャー」っと、笑ったような顔して鳴いて消えました。

それ以降、二度とタッキーの夢を見ることはありませんでした。

その日からなぜかあまり固執することもなく、時が過ぎていきました。

亡くなったことは本当に辛かったですが、生まれ変わる夢を見て、タッキーの死を受け入れることで、過去のトラウマを癒し、新たな人生へと踏み出すための力を与えてくれたように思えました。

野良猫の死は、悲しいですが浄化と自己再生、過去の終わりと新たな始まりを象徴していると言われています。タッキーの死は、それを受け止めることで、ネガティブなエネルギーを浄化し、自己再生を促す力が生まれてきたように思えました。束縛から解放され、新たな可能性を迎える準備を整えないといけない。そう前向きに考えている自分がいました。

それはスピリチュアルな観点から見ると、物事や気の流れが今までとはガラリと変わるということなのだと感じます。

もちろんそれは、野良猫だったタッキーが最後に残したメッセージとも捉えられます。これまで可愛がっていた野良猫の死を目の当たりにしたら、落ち込むのは当たり前のこと。しかし亡くなることで、私にメッセージを伝えてくれたことにしっかりと感謝し、前向きな気持ちで生きていこうと決意しました。

二〇二三年になると、猫たちが安全に快適に暮らせるように、事務所も自宅も大掛かりな、リフォーム工事を始めました。

タッキーの事故を受けて、まずは猫が外に出ないような家じゅうを囲む柵と門扉を作ってもらいました。それから、猫ハウスを増築して作りました。訳ありの猫がいつやってきてもいいように。もっと自分の器を大きくして、二度と後悔することがないようにと。

第一章にも書きましたが、二〇二三年夏のこと、続けて二匹のメスの野良の仔猫が我が家の庭に転がり込んできます。一部屋の猫ハウスを作った後のことでした。

すばしっこい小柄なサビ猫の〝サビアン〟は野良猫なので全然なつかず、避妊手術に連れて行こうと思っていた矢先、二日間脱走した際に生後八カ月で妊娠しました。とんだ不始末でしたが、今回は生まれてくる子にご縁があったと思うことにしました。二〇二四年四月一五日にサビアンは猫ハウスの中で、金億ちゃんに見守られながら、仔猫を七匹も無事に出産しました。すぐに三毛猫二匹が亡くなり、サビ猫三匹、黒猫、白黒ハチワレ猫の計五匹がすくすくと育っていきました。

みんな、よい里親がすぐに決まり、生後二カ月で四匹が引き取られましたが、それから事件が起こります。一番可愛かったハチワレ猫が四カ月後の一〇月半ば、生後半年になったところで、色々文句を言われていらないと返されて、我が家に戻ってきたのです。

不憫に思い、返されたそのハチワレ猫を、今度こそ幸せになるように〝福ちゃん〟と名付けました。そのときは返してきた里親の身勝手さが頭に来ましたが、私はとんでもない大事なことを忘れていました。このハチワレ仔猫ちゃんはうちに戻ってくるようになっていたのです。なぜなら、その子こそが、ようやく私のもとに帰ってきたタッキーの生まれ変わりだったのだから。


私は当時のことをすっかり忘れていましたが、ある日突然お告げのように気づかされます。それはスマホから勝手に流れてくる〝Googleフォトの思い出、二〇二二年一一月〟というもの。ハチワレ猫の福ちゃんの写真がもう思い出に？

よく見たら、それは二〇二二年のタッキーの亡くなる直前の写真でした。

福ちゃんは、生後半年で亡くなったタッキーと全く同じハチワレ猫。しかも同一猫と言っていいほど瓜二つ。二〇二二年のタッキーの写真と二〇二四年の福ちゃんの写真は、どちらがどちらかわからないくらい全く同じ。しかも返されたときも生後半年。

亡くなったタッキーは雌でしたが、福ちゃんは雄ながらも小柄でメスみたいな抽象的な可愛い猫。見た目も性格タッキーと誰が見ても瓜二つ。

私は、亡くなったタッキーとの約束をすっかり忘れていたのです。

「そのままのハチワレ猫で生まれ変わって。しかも全く同じ柄の猫に」

「今度は飼い猫で生まれ変わってくるんだよ。最初からうちにおいで」

と約束したことを。


さらに、とんでもないことを思い出しました。

クリスマスイブの夜に生まれ変わるという夢を見たとき、サビ猫の横にハチワレ猫がいたことを。サビアンが突然やってきて、ハチワレ仔猫を産んで。時間をさかのぼって考えると、すべてがつじつまが合うことに気づきました。

サビアン母さんの子供として唯一の雄のハチワレ猫こそがタッキーの生まれ変わりだった。生まれ変わると、こんなにたくさんのヒントをくれたのに、なぜ、そんな大事なことを忘れていたのか。

帰るべくして帰ってきた、タッキーの生まれ変わりの福ちゃん。本当は里親に出すべきではなかったのに、私はとんでもないことをしてしまいました。でも返されて本当に良かった。せっかく、我が家でサビアンの子として生まれ変わったのに、他に渡され、でもどうしてもこの家じゃないとだめだから、必然的に帰ってきた。

猫との出会いは偶然ではなく必然なのだということが改めて実感できた瞬間でした。

「譲渡会でたまたま出会った」「道ばたに捨てられていたのを拾ってきた」「我が家に住み着いた」など、今飼っている猫との出会い方は人によって様々でしょう。

偶然に思える出会い方をしていたとしても、それは決して偶然ではなく必然なのです。すべては縁があるかどうか。実はあなたと猫との出会いは、過去世で出会うことを約束されていた運命の出会いである可能性が高いのです。

また、猫をペットとして飼っている人の多くは、自分がこの子を選んだと思っているかもしれませんが、実は猫の方が飼い主を選んでいる。結果としてですが、結局猫は飼い主を自分で選ぶのです。猫を飼いたいと希望する人は、自分で気に入ってこの子をと選んでいるつもりかもしれないけれど、実は猫によって選ばされているのです。タッキーの生まれ変わりの福ちゃんとの出会いもそうですが、ご縁のない場合は、よくわからないけれど出戻ったりして、二転三転しても必然的に運命のご縁のあるところを、結果的に猫が選んでいることになるのです。

時空を超えて、ようやくタッキーが福ちゃんとして生まれ変わってきてくれた。突然亡くなったタッキーも、もう一度猫生をやり直したかったことは間違いありません。

私との約束を果たしてくれてありがとう。感動して涙が出ます。色々あり過ぎましたが、これからは家猫として、タッキーの生まれ変わり福ちゃんと、末永く幸せに暮らしていきます。

あとがき

動物たちと心で会話できる自分の能力を通して、身近な猫たちの思いを代弁するような気持ちで、様々なエピソードを綴ってまいりました。私自身は、テレパシーによる想念伝達によって動物の気持ちをお伝えする通訳のような媒介者に過ぎません。しかし、自分の能力で、動物達と人間との橋渡し的な役割ができて、何か少しでもお役に立てることができたらと思っています。

媒介としてつくづく思うことは、世の中には、人間の身勝手によって過酷な境遇に置かれている犬や猫たちが溢れかえっているということ。理不尽な人の勝手な都合で捨てられて、生きることを許されない命がたくさん存在していることを知ってほしい。今この瞬間にも殺処分は行われていて、受難の野良猫たちが物言えず亡くなることが、目に見えなくとも水面下では現実に起こっています。色々な形で動物たちは悲惨な目にあうことが多い。

不遇な動物たちの惨状を通して世の中を見ると、目に見えない様々な警戒すべき現状を教えられます。世界各地で起こる戦争、人間同士のいがみ合い。自然破壊、絶滅していく動物たち。どんどん殺処分されていくペットたち。全ては人間のしたことに間違いありません。それは因果応報で必ず人間に返ってきます。彼らを平気で放棄して死に至らしめる人間は、何事もなかったように平気で暮らしている。皆、ただ自分だけが大事、自分さえよければいいのだ。そんな自己中心的な人たちがほとんど。その根底にあるのは、愛の希薄さ、情のなさ、命の軽視。世間という底なしの冷たい風が吹き荒れる人間社会の無慈悲な無常の世界がそこにはあります。

では、こういった人間のエゴに伴う理不尽なことを無くすにはどうすれば良いのでしょうか？　たった一つだけ方法があります。

それは『相手を思いやる心』です。

そして、これができるようでなかなかできないのが人間なのです。

〝恕の精神〟という言葉を聞いたことがありますか？

孔子が人生で一番大切なことだと説いたのが、

「其れ恕か。己の欲せざる所、人に施すこと勿かれ」

「恕《じょ》」とはつまり「思いやり」です。孔子は、人生で一番大切なことは、「恕」だと言いました。思いやりがある人は、他人の立場に立つことできる人だと。

他人の痛みや、苦しみ、喜びを自分のことのように感じることができる人。自分がされたくないことは人にはしてはならない、それが恕だ、と孔子は説きました。

つまりは「思いやり」を持つということ。他を受け容れ、認め、許し、その気持ちを思いやる。自分のことと同じように人のことを考える。そのことこそ、人生で一番大切なことだと孔子は教えたのです。


地球上に人間が存在する限り、理不尽なことは無くならないかもしれません。

しかし、だからといって諦めるのではなく、高度な知能を持つ人間は、考えて行動することができる。だから努力はしなければいけません。きれいごとかもしれませんが、世界中の人間が相手を思いやる心を養うことができれば、そうすればきっとこんな理不尽なことは無くなる。人生で一番大切な、「思いやりの心」を育てることが、すべての問題を根本的に解決するはずです。

命の本質のみを見ている人たち。命を見つめて、ほんの少しの思いやりと、救いたいという情熱さえあれば、どんな命も救えないことはない。まずは身近な人に愛情をかけることが大事です。小さな命を慈しむという、慈悲深い思いやりの心をもった豊かな環境で、動物と共存して暮らしていけるということは、動物はもちろん人間にとっても、真の意味で本当に幸せなことだと思います。

小さな命も皆、一生懸命に生きています。どんな犬も猫も、人間には到底敵わない強さと勇敢さを持っています。

動物には「死」という概念がなく、生きるのが当たり前で、生があるから命ある限り真っ直ぐ前を向いて生きている。この子たちにとって、生きることは当たり前で「頑張り」はありません。動物たちは、どんな状況でも生きるということしか考えていない。自殺する犬も猫もいない。最後の最後まで生きて生き抜いて、天寿を全うしたいのです。それが当たり前なのですが、人間の都合によってそうはいかないことが多い。不幸になるために生まれてくる命などありません。

彼ら自身は生き方を選ぶことができない。変わらなければならないのはいつも人間の方です。みんな生きたい、生きていて幸せになりたいのです。だから、今、生きている飼い主のない子たちにセカンドチャンスの機会を与えてほしい。社会的に弱い立場といえる犬や猫たちは、人の元でないと生きていくことはできません。

「捨てられること」＝「死」を意味します。彼らは命がけです。

犬や猫の命は飼い主に委ねられている。かけがえのない家族であるペット。しかし、そんな風に思う人ばかりではなく、平気で捨てたりする人がいるのが現実です。でも、忘れないでほしい。犬や猫にも我々人間と同じように豊かな心があることを。いつも真っ直ぐな瞳であなたを待っている。誰より飼い主であるあなたが全てなのです。

猫や犬の一生は、どんな人に出会うかによって決まります。

捨てるのも人間なら、救うのもまた人間です。捨てる神あれば拾う神ありで、救うことができるのは人間しかいないのです。一匹の猫や犬を助けたって世界は何も変わらないかもしれない。でも助けられた猫や犬にとってはその一生が一八〇度変わることになる。一つの命でも救えたら、その子の世界を変えることができるのです。

悪いことばかりじゃなくて、生きていたら必ずいつかはいいことがある。
生きている――それだけでどうにかなるのですから。

君たちの存在に気づいてくれる人がひとり増えたなら
君たちを取り巻くこの世の中は変わるだろう
君たちを幸せにしたいと願う人がひとり増えたなら
この世の中はきっと変わるだろう
そして、すべての命に思いやりを持てる世の中に変わることは、人間にとっても素晴らしい世の中になるはず。人と動物たちがともに暮らして、お互いを幸せにしていく……。そんな未来になりますように。

一人でも多くの方が、小さな生き物の命を大切に思う気持ちを持ってほしいと思います。そうすれば、無念で悲しい亡くなり方をする犬や猫たちがきっといなくなるはずですから。消えゆく運命にある彼らのために、ほんの少しでもできることはありませんか。もしかしたら、些細なきっかけでも命を救うことに繋がるかもしれません。

犬や猫たちのことをよく知って、きちんと最後まで愛情を持って飼ってくれる飼い主が増えてきて、一匹でも多くの犬や猫たちが救われますように。それぞれが持っている命のロウソクの灯を、暖かい家庭で完全燃焼して幸せな天寿を全うしてほしい。そんな世の中になることを心から願います。

もし、新しいペットを考えているのなら、捨て猫や野良猫を救う、もしくはシェルター（保健所）から貰ってくださいませんか。捨てられたこの子たちに、もう一度、生きるチャンスを与えて下さい。そこにはあなたの運命の子が待ち構えているかもしれません。その子はあなたの人生をより良く変えるような運命共同体になり得るのです。

現状を変えようにも何の力もない私個人は微々たることしかできませんが、我が家の訳ありの子たちのように、セカンドチャンスを掴んで新しい猫生を歩んでいる子もいるということを一人でも多くの人々に知って欲しい。そうすれば一つでも多く命が救われることに繫がるはず。そう祈りながら書きました。他の猫を救える道を切り開くことがきっとできる――そう信じて。

『千里の道も一歩から』

少しずつ、自分の周りから地道に広げていくことを考えていきませんか。それが結局、社会や世の中を変えることになる。現実はきっと甘くないことはわかっています。でも何もできないと諦めて何もしないのではなく、望んで何か一つでも行動していけば未来は変わっていくはずです。

この本を通して、価値観が少しでも変わってくださる方が一人でも多くなっていくこと。この本が現在の悲惨な状況にある犬や猫たちへの何かしらの改革の第一歩になること。彼らに少しでも恩返しができたらと心より祈って——。

動物たちの幸せを心より願いつつ、この『神さまが授けてくれた猫』のお話を終わりにしたいと思います。

本書を
お読みいただいた方に
感謝の特典を
プレゼント！

下記の QR コードを読み取って
取得してください。

【特典１】
本書では書ききれなかった
思いの詰まった未公開原稿

【特典２】
優李阿先生が直接撮影した
「開運猫」写真

※特典は予告なく終了する場合がございます。ご了承ください。
※登録いただくと優李阿先生と KK ロングセラーズのメールマガジンに同時に登録されます。
　解除はいつでも可能です。

神さまが授けてくれた猫

人生に奇蹟を起こし幸運をもたらす

著　者　優李阿
発行者　真船壮介
発行所　KKロングセラーズ
　　　　東京都新宿区高田馬場4-4-18　〒169-0075
　　　　電話（03）5937-6803（代）
　　　　https://www.kklong.co.jp/

印刷・製本　中央精版印刷（株）
落丁・乱丁は取り替えいたします。※定価と発行日はカバーに表示してあります。
ISBN978-4-8454-2544-0　Printed In Japan 2025
